Albert Einstein | Physik und Re

[Was bedeutet das alles?]

Albert Einstein

Physik und Realität

Wissenschaft und Welterkenntnis

Herausgegeben und mit einem
Nachwort von Fynn Ole Engler

Reclam

RECLAMS UNIVERSAL-BIBLIOTHEK Nr. 14669
2026 Philipp Reclam jun. Verlag GmbH,
Siemensstraße 32, 71254 Ditzingen
info@reclam.de
Gestaltung: Cornelia Feyll, Friedrich Forssman
Druck und Bindung: Elanders Waiblingen GmbH,
Anton-Schmidt-Straße 15, 71332 Waiblingen
Printed in Germany 2026
RECLAM, UNIVERSAL-BIBLIOTHEK und
RECLAMS UNIVERSAL-BIBLIOTHEK sind eingetragene Marken
der Philipp Reclam jun. GmbH & Co. KG, Stuttgart
ISBN 978-3-15-014669-9
reclam.de

Inhalt

§ 1. Allgemeines über die wissenschaftliche Methode.

Oft und gewiss nicht ohne Berechtigung ist gesagt worden, dass der Naturwissenschaftler ein schlechter Philosoph sei. Warum sollte es also nicht auch für den Physiker das Richtigste sein, das Philosophieren dem Philosophen zu überlassen? Für eine Zeit, in welcher die Physiker über ein festes, nicht angezweifeltes System von Fundamentalbegriffen und Fundamentalgesetzen zu verfügen glauben, mag dies wohl so sein, nicht aber in einer Zeit, in welcher das ganze Fundament der Physik problematisch geworden ist, wie gegenwärtig. In solcher Zeit des durch die Erfahrung erzwungenen Suchens nach einer neuen, solideren Basis kann der Physiker die kritische Betrachtung der Grundlagen nicht einfach der Philosophie überlassen, weil nur er selber am besten weiss und fühlt, wo ihn der Schuh drückt; auf der Suche nach einem neuen Fundament muss er sich über die Berechtigung bezw. Notwendigkeit der von ihm benutzten Begriffe nach Kräften klar zu werden versuchen.[1]

Alle Wissenschaft ist nur eine Verfeinerung des Denkens des Alltags.[2] Damit hängt es zusammen, dass die kritische Besinnung des Physikers sich nicht auf die Untersuchung der Begriffe seiner besonderen Wissenschaft beschränken kann, sondern dass er an der kritischen Betrachtung des viel schwieriger zu analysierenden Denkens des Alltags nicht achtlos vorbeigehen kann.

Auf der Bühne unseres seelischen Erlebens erscheinen in bunter Folge Sinneserlebnisse, Erinnerungsbilder an solche, Vorstellungen und Gefühle. Im Gegensatz zur Psychologie beschäftigt sich die Physik (unmittelbar) nur mit den Sinneserlebnissen und dem »Begreifen« des Zusammenhanges zwischen ihnen. Aber auch der Begriff der »realen Aussenwelt« des Alltagsdenkens stützt sich ausschliesslich auf die Sinneseindrücke.

Nun ist zunächst zu bemerken, dass uns die Unterscheidung zwischen Sinneseindrücken (Empfindungen) und Vorstellungen nicht oder doch nicht mit Sicherheit gegeben ist. Mit dieser Problematik, welche auch den Realitätsbegriff affiziert[3], wollen wir uns hier aber nicht beschäftigen, sondern die Sinneserlebnisse als solche, bezw. als seelische Erlebnisse besonderer Art erkennbar und gegeben annehmen.

Der erste Schritt zur Setzung einer »realen Aussenwelt« liegt nach meiner Ansicht in der Bildung des Begriffes des körperlichen Objekts, bezw. körperlicher Objekte verschiedener Art. Gewisse sich wiederholende Komplexe von Sinnesempfindungen (zum Teil zusammen mit Sinnesempfindungen, die als Zeichen für Sinneserlebnisse der Mitmenschen gedeutet werden) werden gedanklich aus der Fülle des Sinneserlebens willkürlich herausgehoben, und es wird ihnen ein Begriff zugeordnet – der Begriff des körperlichen Objekts. Logisch betrachtet ist dieser Begriff nicht identisch mit der Gesamtheit jener Sinnesempfindungen, sondern er ist eine freie Schöpfung des menschlichen (oder tierischen) Geistes. Dieser Begriff verdankt aber andererseits seine Bedeutung und Berechtigung ausschliesslich der Gesamtheit jener Sinnesempfindungen, denen er zugeordnet ist.

Der zweite Schritt liegt darin, dass wir jenem Begriff des körperlichen Objektes in unserem (unsere Erwartungen bestimmenden) Denken von den jenen Begriff veranlassenden Sinnesempfindungen weitgehend unabhängige Bedeutung zuschreiben. Dies meinen wir, wenn wir dem körperlichen Objekt »reale Existenz« zuschreiben. Die Berechtigung dieser Setzung liegt einzig darin, dass wir mit Hilfe derartiger Begriffe und zwischen ihnen gesetzter gedanklicher Relationen uns in dem Gewirre der Sinnesempfindungen zurecht zu finden vermögen. Damit hängt es zusammen, dass jene Begriffe und Relationen – obgleich freie Setzungen des Denkens – uns fester und unabänderlicher erscheinen als das einzelne Sinneserlebnis, dessen Charakter der Illusion oder Hallucination gegenüber doch nie vollkommen gesichert erscheint. Andererseits aber haben jene Begriffe und Relationen, insbesondere die Setzung realer Objekte, überhaupt einer »realen Welt,« nur insoweit Berechtigung, als sie mit Sinneserlebnissen verknüpft sind, zwischen welchen sie gedankliche Verknüpfungen schaffen.[4]

Dass die Gesamtheit der Sinneserlebnisse so beschaffen ist, dass sie durch das Denken (Operieren mit Begriffen und Schaffung und Anwendung bestimmter funktioneller Verknüpfungen zwischen diesen sowie Zuordnung der Sinneserlebnisse zu den Begriffen) geordnet werden können, ist eine Tatsache, über die wir nur staunen, die wir aber niemals werden begreifen können. Man kann sagen: Das ewig Unbegreifliche an der Welt ist ihre Begreiflichkeit. Dass die Setzung einer realen Aussenwelt ohne jene Begreiflichkeit sinnlos wäre, ist eine der grossen Erkenntnisse Immanuel Kants.[5]

Wenn hier von »Begreiflichkeit« die Rede ist, so ist dieser Ausdruck hier zunächst in seiner bescheidensten Bedeutung gemeint. Er bedeutet: durch Schaffung allgemeiner Begriffe und Beziehungen zwischen diesen Begriffen, sowie durch irgendwie festgelegte Beziehungen zwischen Begriffen und Sinneserlebnissen zwischen letzteren irgend eine Ordnung herstellen. In diesem Sinne ist die Welt unserer Sinneserlebnissen begreifbar, und dass sie es ist, ist ein Wunder.

Ueber die Art und Weise, wie wir Begriffe zu bilden und zu verknüpfen haben, und wie wir sie den Sinneserlebnissen zuzuordnen haben, lässt sich nach meiner Ansicht a priori[6] nicht das Geringste aussagen. Nur der Erfolg bezüglich der Herstellung einer Ordnung der Sinneserlebnisse entscheidet. Die Regeln der Verknüpfungen von Begriffen müssen nur überhaupt festgelegt sein, da sonst Erkenntnis in dem von uns angestrebten Sinne unmöglich wäre. Man hat diese Regeln mit den Regeln eines Spieles verglichen, die an sich willkürlich sind, deren Bestimmtheit aber das Spiel erst möglich macht. Diese Festlegung wird aber niemals eine endgültige sein können, sondern nur für einen ins Auge gefassten Anwendungsbereich Gültigkeit beanspruchen dürfen, (d. h. es gibt keine endgültigen Kategorien im Sinne Kants.)[7]

Die Verknüpfung der elementaren Begriffe des Alltags-Denkens mit Komplexen von Sinneserlebnissen ist nur intuitiv erfassbar und wissenschaftlich logischer Fixierung unzugänglich. Die Gesamtheit dieser Verknüpfungen – selbst nicht begrifflich fassbar – ist das einzige, was das Gebäude der Wissenschaft von einem leeren logischen Begriffs-Schema unterscheidet; vermöge dieser Verknüpfungen werden die rein begrifflichen Sätze der Wissenschaft zu generellen Aussagen über Komplexe von Sinneserlebnissen.

Die mit typischen Komplexen von Sinneserlebnissen direkt und intuitiv verknüpften Begriffe wollen wir »primäre Begriffe« nennen.[8] Alle andern Begriffe sind – physikalisch betrachtet – nur insoweit sinnvoll, als sie mit den »primären Begriffen« durch Sätze in Verbindung gebracht sind. Diese Sätze sind teils Definitionen der Begriffe (und hieraus logisch ableitbarer Aussagen), teils Sätze, die nicht aus den Definitionen zu folgern sind und wenigstens indirekt Beziehungen zwischen den »primären Begriffen« und damit zwischen Sinneserlebnissen aussagen. Sätze der letzteren Art sind »Behauptungen über die Wirklichkeit« oder »Naturgesetze,« d. h. Sätze, die sich zu bewähren haben an den durch die primären Begriffe erfassten Sinneserlebnissen. Welche von den Sätzen als Definitionen und welche als Naturgesetze anzusprechen sind, hängt weitgehend von der gewählten Darstellung ab; es ist überhaupt nur dann notwendig, eine solche Unterscheidung wirklich durchzuführen, wenn man untersuchen will, inwieweit das ganze ins Auge gefasste Begriffssystem vom physikalischen Standpunkte betrachtet wirklich inhaltvoll ist.[9]

Schichtenstruktur des Wissenschaftlichen Systems.

Ziel der Wissenschaft ist erstens die möglichst *vollständige* begriffliche Erfassung und Verknüpfung der Sinneserlebnisse in ihrer ganzen Mannigfaltigkeit, zweitens aber die Erreichung dieses Zieles *unter Verwendung eines Minimums von primären Begriffen und Relationen* (Streben nach möglichster logischer Einheitlichkeit des Weltbildes bezw. logischer Einfachheit seiner Grundlagen).[10]

Die Wissenschaft braucht die ganze Mannigfaltigkeit der primären, d.h. unmittelbar mit Sinneserlebnissen verknüpften Begriffe sowie der sie verknüpfenden Sätze. In ihrem ersten Entwicklungsstadium enthält sie nichts weiter. Auch das Denken des Alltags begnügt sich im grossen Ganzen mit dieser Stufe. Diese kann aber einen wirklich wissenschaftlich eingestellten Geist nicht befriedigen, da die so gewinnbare Gesamtheit von Begriffen und Relationen der logischen Einheitlichkeit völlig entbehrt. Um diesem Mangel abzuhelfen, erfindet man ein begriffs- und relationsärmeres System, welches die primären Begriffe und Relationen der »ersten Schicht« als logisch abgeleitete Begriffe und Relationen enthält. Dieses neue »sekundäre System« erkauft die gewonnene höhere logische Einheitlichkeit mit dem Umstande, dass seine an den Anfang gestellten Begriffe (Begriffe der zweiten Schicht) nicht mehr unmittelbar mit Komplexen von Sinneserlebnissen verbunden sind. Weiteres Streben nach logischer Einheitlichkeit führt zur Aufstellung eines noch ärmeren tertiären[11] Systems von Begriffen und Relationen zur Deduktion[12] der Begriffe und Relationen der sekundären (und damit indirekt der primären) Schicht. So geht es fort, bis wir zu einem System von denkbar grösster Einheitlichkeit und Begriffsarmut der logischen Grundlagen gelangt sind, das mit der Beschaffenheit des sinnlich Gegebenen vereinbar ist. Ob wir bei diesem Streben je zu einem definitiven System kommen, wissen wir nicht. Wird man um seine Meinung gefragt, so ist man geneigt, mit Nein zu antworten; beim Ringen mit den Problemen wird man aber wohl von der Hoffnung getragen, dass dies höchste Ziel wirklich weitgehend erreichbar sei.

Ein Anhänger der Abstraktions- bezw. Induktions-Theorie[13] würde die vorgenannten Schichten »Abstraktions-Stufen« nennen. Ich halte es aber für unrichtig, die logische Unabhängigkeit der Begriffe gegenüber den Sinneserlebnissen zu verschleiern; es handelt sich nicht um eine Beziehung wie die der Suppe zum Rindfleisch, sondern eher wie die der Garderobe-Nummer zum Mantel.

Ferner sind die Schichten nicht klar gegeneinander

abgegrenzt. Nicht einmal die Zugehörigkeit eines Begriffes zur primären Schicht ist völlig scharf. Es handelt sich hierbei eben um freigebildete Begriffe, die mit einer für die Anwendung hinreichenden Sicherheit mit Komplexen von Sinneserlebnissen intuitiv verknüpft sind, so dass bei dem Konstatieren des Zutreffens oder Nicht-Zutreffens eines Satzes für einen besonderen Erlebnisfall (Experiment) keine Unsicherheit besteht. Wesentlich ist nur die Bestrebung, die Vielheit der erlebnisnahen Begriffe und Sätze als logisch abgeleitete Sätze einer möglichst engen Basis von Grund-Begriffen und Grund-Relationen darzustellen, die ihrerseits an sich frei wählbar sind (Axiome[14]). Mit dieser Freiheit ist es aber nicht weit her; sie ist nicht ähnlich der Freiheit eines Novellen-Dichters, sondern vielmehr der Freiheit eines Menschen, dem ein gut gestelltes Worträtsel aufgegeben ist. Er kann zwar jedes Wort als Lösung vorschlagen, aber es gibt wohl nur *eines*, welches das Rätsel in allen Teilen wirklich auflöst. Dass die Natur – so wie sie unseren Sinnen zugänglich ist – den Charakter eines solchen gut gestellten Rätsels habe, ist ein Glaube, zu welchem die bisherigen Erfolge der Wissenschaft allerdings einigermassen ermutigen.

Die Vielheit der Schichten, von der wir oben gesprochen haben, entspricht den einzelnen Fortschritten, die das Ringen um Einheitlichkeit der Basis im Laufe der Entwicklung gezeitigt hat. Vom Standpunkte des Endzieles sind die intermediären[15] Schichten nur temporär, um am Ende als belanglos zu verschwinden. Wir aber haben es zu tun mit der Wissenschaft von heute, in welcher diese Schichten problematische Teilerfolge darstellen, welche sich gegenseitig stützen, aber auch gegenseitig bedrohen; denn das Begriffssystem von heute weist tiefe Zwiespältigkeiten auf, auf die wir später stossen werden.

Das Ziel der folgenden Zeilen ist es, zu zeigen, welche Wege der konstruierende Menschengeist eingeschlagen hat, um zu einer logisch möglichst einheitlichen begrifflichen Basis der Physik zu gelangen.

§ 2. Die Mechanik und der Versuch, auf sie die gesamte Physik zu gründen.

Eine wichtige Eigenschaft unserer Sinneserlebnisse wie unserer Erlebnisse überhaupt ist ihre zeitliche Ordnung. Diese Ordnungs-Eigenschaft führt zur gedanklichen Konstruktion der subjektiven Zeit, eines Ordnungs-Schemas für die Erlebnisse. Die subjektive Zeit führt dann über den Begriff des körperlichen Objekts und des Raumes zu dem der objektiven Zeit, wie wir später sehen werden.

Dem Begriffe der objektiven Zeit geht aber der des Raumes voraus, und diesem der Begriff des körperlichen Objektes; letzterer ist direkt mit Komplexen von Sinneserlebnissen verknüpft. Es wurde als charakteristische Eigenschaft des Begriffes »körperliches Objekt« bezeichnet, dass wir letzterem eine Existenz zuordnen, unabhängig von der (»subjektiven«) Zeit und unabhängig von seiner sinnlichen Wahrnehmung. Wir tun dies, obwohl wir an ihm zeitliche Aenderungen wahrnehmen. Poincaré hat nun mit Recht hervorgehoben, dass wir am körperlichen Objekte zwei Arten Aenderungen unterscheiden, nämlich »Aenderungen des Zustandes« und »Aenderungen der Lage«; letztere seien solche Aenderungen, welche wir durch willkürliche Bewegungen unseres Körpers rückgängig machen können.[1]

Dass es körperliche Objekte gibt, denen wir innerhalb eines gewissen Wahrnehmungsgebietes keine Aenderungen des Zustandes, sondern nur solche der Lage zuzuschreiben haben, ist für die Bildung des Raumbegriffes fundamental wichtig, (in gewissem Masse sogar für die Berechtigung des Begriffes des körperlichen Objektes); wir wollen ein solches Objekt »praktisch-starr« nennen.[2]

Wenn wir zwei praktisch-starre Körper gleichzeitig, d. h. als ein Ganzes, zum Objekt unserer Sinneswahrnehmung machen, so gibt es für dies Ganze solche Aenderungen, welche *nicht* als Aenderungen der Lage für das Ganze aufgefasst werden können, obwohl dies für jeden der beiden Konstituenten[3] der Fall ist. Dies führt zu dem Begriff der »Aenderung der relativen Lage« der beiden Objekte und damit auch zu dem Begriff der »relativen Lage« der beiden Objekte. Es erweist sich ferner, dass es unter den relativen Lagen eine besondere Art gibt, die wir als »Berührung« bezeichnen.* Dauernde Berührung zweier Körper in drei oder mehr »Punkten« bedeutet deren Vereinigung zu einem (quasistar-

* Es liegt in der Natur der Sache, dass wir von diesen Gegenständen nur mittelst der von uns gebildeten Begriffe sprechen können, die selbst keiner Definition zugänglich sind. Wesentlich ist aber, dass wir nur solche Begriffe verwenden, über deren Zuordnung zum Erlebnis-Material wir uns sicher fühlen dürfen.

ren) Gesamtkörper. Man kann sagen, der erste Körper werde dann quasi-starr durch den zweiten Körper fortgesetzt, welcher seinerseits wieder quasi-starr fortgesetzt werden kann. Die quasi-starre Fortsetzbarkeit eines Körpers ist unbegrenzt. Der Inbegriff der denkbaren quasi-starren Fortsetzungen eines Körpers K_0 ist der durch ihn bestimmte unendliche »Raum«.

Nach meiner Ansicht ist der Umstand, dass jeder irgendwie gelagerte Körper mit der quasi-starren Fortsetzung eines bestimmten gewählten Körpers K_0 (Bezugskörper[4]) in Berührung gebracht werden kann, die empirische Basis unseres Raumbegriffes. Im vorwissenschaftlichen Denken spielt die feste Erdkruste die Rolle von K_0 und seiner Fortsetzung. Die Bezeichnung Geometrie deutet darauf hin, dass der Raumbegriff psychologisch mit der Gegebenheit des Erdkörpers zusammenhängt.

Die kühne Begriffsbildung »Raum«, welche aller wissenschaftlichen Geometrie voranging, verwandelte gedanklich den Inbegriff der Lagenbeziehungen körperlicher Objekte in den Inbegriff der Lagen der körperlichen Objekte »im Raume.« Dies bedeutet an sich schon eine grosse formale Vereinfachung. Durch sie wird auch erreicht, dass jede Lagen-Aussage implizite[5] eine Berührungs-Aussage ist; ein Punkt eines körperlichen Objektes befindet sich im Raumpunkte P bedeutet: das Objekt berührt mit dem ins Auge gefassten Punkte den Punkt P des (passend fortgesetzt gedachten) Bezugskörpers K_0.

In der Geometrie der Griechen spielt der Raum nur eine sozusagen qualitative Rolle, indem die Lage der Objekte zu ihm zwar festgelegt gedacht wird, aber nicht durch Zahlen beschrieben wird. Letzteres hat erst Descartes[6] unternommen.[7] In seiner Sprechweise kann der ganze Inhalt der euklidischen Geometrie durch folgende Aussagen axiomatisch fundiert werden. (1) Zwei markierte Punkte eines starren Körpers bestimmen eine Strecke. (2) Den Punkten des Raumes lassen sich Zahlentripel X_1, X_2, X_3, so zuordnen, dass für jede ins Auge gefasste Strecke $P' - P''$ mit den Koordinaten ihrer Endpunkte $(X_1', X_2', X_3'; X_1'', X_2'', X_3'')$ der Ausdruck

$$s^2 = (X_1'' - X_1')^2 + (X_2'' - X_2')^2 + (X_3'' - X_3')^2$$

unabhängig ist von der Lage des Körpers und aller andern Körper. Die (positive) Zahl s heisst die Länge der Strecke oder der Abstand der beiden Raumpunkte P' und P''. (die mit den Punkten P' und P'' der Strecke koinzidieren.)

Die Formulierung ist absichtlich so gewählt, dass sie nicht nur den logisch-axiomatischen[8] sondern auch den empirischen Gehalt der euklidischen Geometrie[9] klar hervortreten lässt. Die rein logische (axiomatische) Darstellung der euklidischen Geometrie hat zwar demgegenüber den Vorteil grösserer Einfachheit und Klarheit. Sie erkauft aber diesen Vorteil durch den Verzicht auf die Darstellung des Zusammenhanges zwischen der begrifflichen Konstruktion und der sinnlichen Erfahrung, auf welchem Zusammenhang allein doch die Bedeutung der Geometrie für die Physik beruht. Der verhängnisvolle Irrtum, dass der euklidischen Geometrie und dem zugehörigen Raumbegriffe eine aller Erfahrung vorangehende Denknotwendigkeit zugrunde liege, beruhte darauf, dass die empirische Basis, welche der axiomatischen Konstruktion der euklidischen Geometrie zugrunde liegt, in Vergessenheit geraten war.

Insoweit man von der Existenz starrer Körper in der Natur sprechen kann, ist die euklidische Geometrie eine physikalische Wissenschaft, die sich an der Sinneserfahrung zu bewähren hat. Sie betrifft die Gesamtheit der Sätze, die für die zeitunabhängige relative Lagerung starrer Körper gelten sollen. Wie man sieht, ist auch der physikalische Raumbegriff, wie er ursprünglich in der Physik verwendet wurde, an die Existenz starrer Körper gebunden.

Die zentrale Bedeutung der euklidischen Geometrie vom physikalischen Standpunkte aus liegt darin, dass ihre Aussagen unabhängig von der besonderen Natur der Körper Gültigkeit beanspruchen, um deren relative Lagerung es sich handelt. Ihre formale Einfachheit ist durch die Eigenschaften Homogenität, Isotropie (und Existenz ähnlicher Gebilde) charakterisiert.[10]

Der Raumbegriff ist für die eigentliche Geometrie, d. h. für die Formulierung der Gesetzmässigkeiten der relativen Lagerung starrer Körper zwar nützlich, aber nicht unentbehrlich. Dagegen ist der Begriff der objektiven Zeit, ohne welchen eine Formulierung der Grundlagen der klassischen Mechanik nicht möglich ist, an den des räumlichen Kontinuums gebunden.

Die Einführung der objektiven Zeit besteht aus zwei voneinander unabhängigen Setzungen:

(1) Einführung der objektiven Lokalzeit, indem man den zeitlichen Ablauf des Erlebens in Verbindung bringt mit den Angaben einer »Uhr,« d. h. eines abgeschlossenen Systems mit periodischem Ablauf.

(2) Einführung des Begriffes der objektiven Zeit für das Geschehene im *ganzen Raume*, durch welchen der Begriff der Localzeit erst zu dem Begriff der Zeit der Physik erweitert wird.

Bemerkung zu (1). Es bedeutet nach meiner Meinung keine petitio principii[11], wenn der Begriff des periodischen Ablaufes dem der Zeit vorangestellt wird, wenn es sich um die Aufhellung der Entstehung bezw. des empirischen Inhaltes des Zeitbegriffes handelt. Diese Auffassung entspricht durchaus dem Vorangehen des Begriffes des starren (bezw. quasi-starren) Körpers bei der Deutung des Raumbegriffes.

Nähere Ausführung zu (2). Die bis zur Aufstellung der Relativitäts-Theorie herrschende Illusion, es sei vom Erlebnisstandpunkte a priori klar, was Gleichzeitigkeit in Bezug auf räumlich distantes[12] Geschehen und damit physikalische Zeit überhaupt bedeute, hat ihren Grund darin, dass wir in der Alltags-Erfahrung die Ausbreitungszeit des Lichtes vernachlässigen können[13]. Wir pflegen daher »gleichzeitig sehen« und »gleichzeitig geschehen« nicht zu unterscheiden, wodurch der Unterschied zwischen Zeit und Lokalzeit verwischt wird.[14]

Die Unschärfe, welche dem Zeitbegriffe der klassischen Mechanik vom Gesichtspunkte der empirischen Bedeutung anhaftet, wurde durch die axiomatischen Darstellungen dadurch verdeckt, dass sie Raum und Zeit als ein unabhängig von den Sinneserlebnissen Gegebenes behandelten. Solche »Hypostasierung« (Verselbstständigung) von Begriffen gereicht nicht notwendig der Wissenschaft zum Nachteil, es entsteht aber leicht der Irrtum, solche Begriffe, deren Ursprung in Vergessenheit geraten ist, für denknotwendig und damit für nicht veränderbar anzusehen, was zu einer ernsten Gefahr für den Fortschritt der Wissenschaft werden kann.

Für die Entwicklung der Mechanik und darum für die Entwicklung der Physik überhaupt war es ein Glück, dass den früheren Denkern die dem Begriffe der objektiven Zeit anhaftende Unschärfe bezüglich seiner empirischen Deutung verborgen geblieben ist. Im vollen Vertrauen auf die reale Bedeutung der Raum-Zeit-Konstruktion entwickelte sich das Fundament der Mechanik, das wie folgt charakterisiert werden kann.

(a) Begriff des materiellen Punktes: körperliches Objekt, das hinsichtlich seiner Lage und Bewegung hinreichend genau als Punkt mit den Koordinaten X_1, X_2, X_3, beschrieben werden kann. Beschreibung von dessen Bewegung (inbezug auf den »Raum« K_0), indem X_1, X_2, X_3 als Funktionen der Zeit gegeben werden.

(b) Trägheitssatz: Verschwinden der Komponenten der Beschleunigung für einen materiellen Punkt, der von allen andern hinreichend weit entfernt ist.

(c) Bewegungsgesetz (für den materiellen Punkt): Kraft = Masse × Beschleunigung.

(d) Kraftgesetze (Wechselwirkungen zwischen den materiellen Punkten).

Hierbei ist (b) nur ein wichtiger Specialfall von (c). Eine wirkliche Theorie liegt erst dann vor, wenn die Kraftgesetze gegeben sind; die Kräfte müssen zunächst nur dem Gesetz der Gleichheit von actio und reactio[15] Genüge leisten, damit ein System von Punkten, die durch Kräfte dauernd räumlich aneinander gekettet sind, sich wie *ein* materieller Punkt verhalte. Zusammen mit Newtons Kraftgesetz der Gravitation[16] bilden diese Grundsätze die Basis der klassischen Mechanik der Gestirne. In dieser Mechanik Newtons tritt nun der Raum K_0 in einer Art auf, die gegenüber der obigen, von starren Körpern herkommenden Konzeption des Raumes ein neues Moment enthält: nicht für jedes K_0 beanspruchen (bei gegebenem Kraftgesetz) (b) und (c) Gültigkeit, sondern nur für solche K_0 von geeignetem Bewegungszustande (Inertialsysteme).[17] Dadurch wird dem Koordinatenraum eine selbständige physikalische Eigenschaft beigelegt, die dem rein geometrischen Raumbegriffe fremd ist – ein Umstand, der Newton erhebliches Kopfzerbrechen verursachte (Eimer-Versuch[18]).*

* Diesem Mangel der Theorie konnte nur durch eine solche Formulierung der Mechanik abgeholfen werden, welche bezüglich aller K_0 Gültigkeit beansprucht. Dies ist einer der Schritte, die zur allgemeinen Relativitäts-Theorie hinführen. Ein zweiter, ebenfalls erst durch die allgemeine Relativitäts-Theorie beseitigter Mangel ist der, dass es innerhalb der Mechanik keinen

Die klassische Mechanik ist nur ein allgemeines Schema; zu einer Theorie wird sie erst dadurch, dass die Kraftgesetze (d) explicite[19] angegeben werden, wie es durch Newton für die Himmelsmechanik mit so ausserordentlichem Erfolg getan wurde. Vom Standpunkte des Zieles möglichster logischer Einfachheit der Grundlagen ist es ein Mangel dieser theoretischen Methode, dass die Kraftgesetze nicht durch logisch-formale Gesichtspunkte gewonnen werden können, sodass ihre Wahl weitgehend a priori willkürlich ist. Auch Newtons Kraftgesetz der Gravitation ist ausschliesslich durch den *Erfolg* gegenüber anderen denkbaren Kraftgesetzen ausgezeichnet.

Trotzdem wir heute sicher wissen, dass die klassische Mechanik als eine die ganze Physik beherrschende Basis versagt, steht sie doch immer noch im Zentrum des physikalischen Denkens. Der Grund hierfür liegt darin, dass wir trotz der bedeutsamen seither erreichten Fortschritte noch nicht zu einer neuen Basis der Physik gelangt sind, von der wir sicher sein dürfen, dass aus ihr die ganze Mannigfaltigkeit der erforschten Erscheinungen und erfolgreichen theoretischen Teilsysteme sich logisch deduzieren[20] liesse. Wie es damit

Grund gibt für die Gleichheit der trägen und der schweren Masse des materiellen Punktes.

steht, will ich im Folgenden kurz zu skizzieren versuchen.

Zuerst suchen wir uns darüber klar zu werden, inwieweit sich das System der klassischen Mechanik als geeignet erwiesen hat, als Basis für die gesamte Physik zu dienen. Da es uns hier nur auf das Fundament der Physik und dessen Wandlungen ankommt, brauchen wir uns mit den rein *formalen* Fortschritten der Mechanik nicht besonders zu beschäftigen (Lagrangesche Gleichungen, kanonische Gleichungen u. s. w.[21]). Nur *eine* Bemerkung scheint unerlässlich. Der Begriff »materieller Punkt« ist grundlegend für die Mechanik.[22] Wenn wir nun die Mechanik für ein körperliches Objekt suchen, das selber *nicht* als materieller Punkt behandelt werden kann – was streng genommen für jedes »sinnlich wahrnehmbare« Objekt der Fall ist – so entsteht die Frage: Wie ist das Objekt aus materiellen Punkten aufgebaut zu denken und was für Kräfte haben wir als zwischen ihnen wirkend anzunehmen? Die Stellung dieser Frage ist unerlässlich, wenn die Mechanik darauf Anspruch machen soll, die Objekte *vollständig* zu beschreiben.

Es liegt in der natürlichen Tendenz der Mechanik, diese materiellen Punkte sowie die Gesetze der zwischen ihnen wirkenden Kräfte als unveränderlich anzunehmen, da ja eine zeitliche Aenderung ausserhalb einer theoretischen Deutbarkeit durch die Mechanik läge. Hieraus ersieht man, dass die klassische Mechanik notwendig zu einer atomistischen Konstruktion der Materie[23] hinführt. Man sieht hier besonders deutlich, wie sehr jene Erkenntnistheoretiker irren, welche glauben, dass die Theorie auf induktivem Wege[24] aus der Erfahrung hervorgehe, von welchem Irrtum selbst der überlegene Newton sich nicht freihalten konnte (»Hypotheses non fingo[25]«).

Aus der Gefahr, sich diesem Gedankengang (Atomistik) folgend ins Uferlose zu verlieren, rettete sich die Wissenschaft zunächst in folgender Weise. Die Mechanik eines Systems ist bestimmt, wenn seine potentielle Energie in Abhängigkeit von seiner Konfiguration gegeben ist. Sind nun die wirkenden Kräfte so beschaffen, dass sie die Aufrechterhaltung gewisser Ordnungseigenschaften der Konfiguration des Systems garantieren, so kann man die Konfiguration durch eine verhältnismässig geringe Anzahl von Konfigurations-Variabeln q genügend genau beschreiben; die potentielle Energie berücksichtigt man nur insoweit, als sie von *diesen* Konfigurations-Variabeln abhängig ist (z. B. Beschreibung der Konfiguration eines praktisch starren Körpers durch 6 Variable).[26]

Eine zweite Anwendungsweise der Mechanik, welche es vermeidet, eine Unterteilung der Materie bis zu ihren »wirklichen« materiellen Punkten zu berücksichtigen, ist die Mechanik der sogenannten kontinuierlich verbreiteten Massen. Diese ist durch die Fiktion charakterisiert, dass die Massendichte und Geschwindigkeit der Materie kontinuierlich von den Koordinaten und der Zeit abhänge und dass der nicht explizit gegebene Teil der Wechselwirkungen sich als Flächenkräfte (Druckkräfte) auffassen lassen, welche ebenfalls kontinuierliche Funktionen des Ortes sind. Hierher gehört die Hydrodynamik und die Theorie der Elastizität fester Körper. Diese Theorien vermeiden die explizite Einführung materieller Punkte durch Fiktionen, denen im Sinne des Fundamentes der klassischen Mechanik nur eine approximative Bedeutung[27] zukommen kann.

Abgesehen von der grossen *praktischen* Bedeutung dieser Disziplinen haben sie durch die Erweiterungen der mathematischen Begriffswelt diejenigen formalen Hilfsmittel geschaffen (partielle Differentialgleichungen[28]), welche für die späteren Versuche einer gegenüber der Newton'schen neuartigen Fundierung der gesamten Physik nötig waren.

Diese beiden Anwendungsarten der Mechanik gehören der sogenannten »phänomenologischen« Physik an.[29] Für sie ist charakteristisch, dass sie sich möglichst erlebnisnaher Begriffe bedient, dafür aber auf Einheitlichkeit der Grundlagen weitgehend verzichtet. Wärme, Elektrizität und Licht werden durch besondere Zustandsvariable und Material-Konstanten[30] neben dem mechanischen Zustande beschrieben, und alle diese Variablen in ihren gegenseitigen und zeitlichen Abhängigkeiten zu bestimmen war ein in der Hauptsache nur auf empirischem Wege lösbares Problem. Viele Zeitgenossen von Maxwell[31] sahen in einer solchen Darstellungsweise das Endziel der Physik, die sie wegen der relativen Erlebnisnähe der gebrauchten Begriffe für rein induktiv aus den Erlebnissen ableitbar hielten. St. Mill[32] und E. Mach[33] vertraten erkenntnistheoretisch ungefähr diesen Standpunkt.

Es ist nach meiner Ansicht die grösste Leistung der Newton'schen Mechanik, dass ihre konsequente Anwendung zur Ueberwindung dieses (phänomenologischen) Standpunktes führte, und zwar auf dem Gebiete der Wärme-Erscheinungen. Dies geschah durch die kinetische Gas-Theorie[34] und durch die statistische Mechanik überhaupt. Erstere verknüpfte die Zustandsgleichung der idealen Gase, Viskosität[35], Wärmeleitung und Diffusion[36] der Gase, Radiometer-Erscheinungen der Gase[37] und lieferte die logische Verbindung von Phänomenen, welche vom Erlebnisstandpunkte nicht das Geringste miteinander zu tun hatten. Letztere lieferte eine mechanische Deutung der thermodynamischen Begriffe und Gesetze[38] sowie die Erkenntnis von der Grenze des Anwendungsbereiches der Begriffe und Gesetze der klassischen Wärmelehre[39]. Diese kinetische Theorie, welche die phänomenologische Physik bezüglich der logischen Einheitlichkeit der Grundlagen weit übertraf, lieferte ferner für die wahre Grösse der Atome und Moleküle bestimmte Werte, die sich durch mehrere von einander unabhängige Methoden ergaben und so jedem vernünftigen Zweifel entrückt wurden. Diese entscheidenden Fortschritte wurden dadurch erkauft, dass den materiellen Punkten reale Gebilde (Atome bezw. Moleküle) zugeordnet wurden, deren konstruktiv-spekulativer Charakter offenkundig war; niemand konnte hoffen, ein Atom je »unmittelbar wahrzunehmen.« Gesetze über beobachtungsnahe Zustandsgrössen (z. B. Temperatur, Druck, Geschwindigkeit) aber wurden aus den Grundbegriffen durch komplizierte Rechnungen abgeleitet. So wurde die ursprünglich mehr »phänomenologisch« aufgebaute Physik (wenigstens ein Teil derselben) unter Zugrundelegung der Newton'schen Mechanik für die Atome bezw. Moleküle auf eine erlebnisfernere aber einheitlichere Basis zurückgeführt.

§3. Der Feldbegriff.

Weit weniger erfolgreich als in den bisher genannten Gebieten ist die Newton'sche Mechanik gegenüber den optischen und elektrischen Phänomenen gewesen. Wohl suchte Newton in seiner Korpuskulartheorie des Lichtes[1] dieses auf die Bewegungen von materiellen Punkten zurückzuführen. Als aber die Erscheinungen der Polarisation, Beugung und Interferenz des Lichtes zu immer unnatürlicheren Modifikationen dieser Theorie zwangen, setzte sich Huyghens' Undulationstheorie des Lichtes[2] durch, welche ihre Entstehung wohl hauptsächlich Erscheinungen der Krystalloptik und der bereits einigermassen ausgearbeiteten Theorie des Schalles verdankte. Die Huyghenssche Theorie fusste zwar zunächst ebenfalls auf der klassischen Mechanik. Aber als Träger der Wellenbewegungen musste der alle Körper durchdringende Aether angenommen werden, dessen Aufbau aus materiellen Punkten durch kein bekanntes Phänomen nahegelegt wurde.[3] Ueber die ihn beherrschenden inneren Kräfte sowie die Kräfte, die zwischen ihm und der »ponderabeln« Materie[4] wirken, konnte man nie ins Klare kommen, sodass das Fundament dieser Theorie immer in Dunkel gehüllt blieb. Die wahre Grundlage war eine partielle Differentialgleichung, deren Zurückführung auf mechanische Elemente stets problematisch blieb.[5]

Zur theoretischen Erfassung der elektrischen und magnetischen Phänomene wurden ebenfalls Massen besonderer Art eingeführt, zwischen welchen Fernkräfte von ähnlicher Art wie die Newton'schen Gravitationskräfte angenommen wurden. Aber diesen besonderen Arten von Materie schien die fundamentale Eigenschaft der Trägheit nicht zuzukommen, und die Kräfte, welche zwischen diesen Massen und der ponderabeln Materie wirkten, blieben in Dunkel gehüllt. Dazu kam der polare Charakter dieser Arten Materie, welcher in das Schema der klassischen Mechanik nicht hineinpasste. Noch unbefriedigender wurde die Basis der Theorie, als elektrodynamische Phänomene[6] bekannt wurden; obwohl diese Phänomene dazu führten, die magnetischen Phänomene auf elektrodynamische zurückzuführen und so die Hypothese der magnetischen Massen entbehrlich zu machen. Dieser Fortschritt musste nämlich durch Komplizierung der zwischen bewegten elektrischen Massen anzunehmenden Wechselwirkungskräfte erkauft werden.[7]

Die Erlösung aus dieser unerquicklichen Sachlage durch Faradays[8] und Maxwells Theorie des elektrischen Feldes bedeutet wohl die tiefgehendste Umwälzung, welche das Fundament der Physik seit Newton erfahren hat. Wieder ist es ein Schritt in der Richtung konstruktiver Spekulation, welcher die Distanz zwischen der Grundlage der Theorie und dem Sinnlich-Erlebbaren vergrösserte. Die Existenz des Feldes manifestiert sich nämlich nur dann, wenn elektrisch geladene Körper in dasselbe hineingebracht werden. Die Maxwell'schen Differentialgleichungen[9] verknüpfen die räumlichen und zeitlichen Differentialquotienten des elektrischen und magnetischen Feldes. Die elektrischen Massen sind nur Stellen nicht verschwindender Divergenz des elektrischen Feldes[10]. Lichtwellen erscheinen als undulatorische elektromagnetische Feldprozesse im Raume.

Allerdings suchte Maxwell seine Feldtheorie noch mechanisch zu deuten durch mechanische Aethermodelle.[11] Solche Versuche traten aber seit der von allem unnötigen Beiwerk gereinigten Darstellung von Heinrich Hertz allmählich in den Hintergrund, so dass schliesslich in dieser Theorie das Feld jene fundamentale Rolle übernahm, welche in der Newton'schen Mechanik die Massenpunkte spielten. Dies gilt zunächst allerdings nur für die elektromagnetischen Felder im leeren Raum.[12]

Für das Innere der Materie war die Theorie zunächst noch recht unbefriedigend, indem dort zwei elektrische Vektoren eingeführt werden mussten, welche durch von der Natur des Mediums abhängige Beziehungen verknüpft waren, welche Beziehungen keiner theoretischen Analyse zugänglich waren. Analog war es mit dem magnetischen Felde sowie mit der Beziehung zwischen elektrischer Stromdichte und dem Felde.

Hier schaffte H. A. Lorentz[13] einen Ausweg, der auch zugleich den Weg wies zu einer von Willkür einigermassen freien Elektrodynamik bewegter Körper. Seine Theorie war auf folgenden Grund-Hypothesen aufgebaut.[14]

Sitz des Feldes ist überall (auch im Innern der ponderabeln Körper) der leere Raum. Die Beteiligung der Materie an den elektromagnetischen Vorgängen beruht allein darauf, dass die Elementarpartikeln der Materie unveränderliche elektrische Ladungen tragen und dadurch einerseits ponderomotorischen Wirkungen[15] ausgesetzt sind, andererseits felderzeugend wirken. Die Elementarpartikeln folgen Newtons Bewegungsgesetz für den materiellen Punkt.

Auf solcher Basis erreichte H. A. Lorentz eine Synthese der Newtonschen Mechanik und der Maxwellschen Feldtheorie. Die Schwäche dieser Theorie lag darin, dass sie das Geschehen durch eine Kombination von partiellen Differentialgleichungen (Maxwellsche Feldgleichungen für den leeren Raum) und totalen Differentialgleichungen (Punkt-Bewegungsgleichungen) zu bestimmen suchte, was offenbar unnatürlich war. Das Unbefriedigende dieser Auffassung zeigte sich äusserlich darin, dass es nötig war, die Teilchen als endlich ausgedehnt zu betrachten, damit das an ihrer Oberfläche bestehende elektromagnetische Feld nicht unendlich gross werde. Auch lieferte diese Theorie keinen Aufschluss über die Natur der gewaltigen Kräfte, welche die elektrischen Massen an den einzelnen Partikeln festhalten. H. A. Lorentz nahm diese von ihm wohlbemerkten Schwächen seiner Theorie zunächst in den Kauf, um die Erscheinungen wenigsten im Grossen Ganzen richtig darzustellen.

Ueber den Rahmen der Lorentzschen Theorie wies ferner folgende Erwägung hinaus. In der Umgebung eines elektrisch geladenen Körpers existiert ein magnetisches Feld, welches einen (scheinbaren) Beitrag zu seiner trägen Masse liefert. Sollte sich nicht die *ganze* Trägheit der Partikeln elektromagnetisch erklären lassen? Dies würde sich offenbar nur dann befriedigend durchführen lassen, wenn sich die Partikeln als reguläre Lösungen der elektromagnetischen partiellen Differentialgleichungen deuten liessen. Die Maxwellschen Gleichungen in ihrer ursprünglichen Gestalt erlaubten aber eine solche Auffassung nicht, weil ihre entsprechenden Lösungen eine Singularität[16] aufweisen. Die

Theoretiker suchten das Ziel deshalb lange Zeit hindurch durch eine Modifikation der Maxwell'schen Gleichungen zu erreichen, welche Bestrebung aber nicht von Erfolg gekrönt war. So blieb das Ziel der Aufstellung einer ausschliesslich auf den Feldbegriff gegründeten elektromagnetischen Theorie der Materie zunächst unerfüllt, obwohl gegen dessen Erreichbarkeit prinzipiell nichts eingewendet werden konnte. Was von der weiteren Bemühung in dieser Richtung abschreckte, war das Fehlen einer zu der Lösung führenden systematischen Methode. Eines aber erscheint mir sicher: im Fundamente einer konsequenten Feldtheorie darf neben dem Feldbegriff nicht der Partikelbegriff auftreten; die ganze Theorie muss einzig auf partielle Differentialgleichungen und deren singularitätsfreie Lösungen gegründet sein.

§ 4. Die Relativitätstheorie.

Es gibt keine induktive Methode, welche zu den Grundbegriffen der Physik führen könnte. Die Verkennung dieser Tatsache war der philosophische Grundirrtum so mancher Forscher des 19. Jahrhunderts; sie war wohl der Grund dafür, dass sich die Molekulartheorie und die Maxwellsche Theorie erst verhältnismässig spät durchsetzen konnten. Logisches Denken ist notwendig deduktiv, auf hypothetische Begriffe und Axiome gegründet. Wie sollen wir erwarten, letztere so wählen zu können, dass wir auf die Bewährung ihrer Konsequenzen hoffen dürfen?

Der günstigste Fall liegt offenbar dann vor, wenn die neuen Grundhypothesen durch die Erlebniswelt selbst nahegelegt werden. Die Hypothese von der Nichtexistenz eines perpetuum mobile als Grundlage für die Thermodynamik[1] ist ein solches Beispiel einer durch die Erfahrung nahegelegten Ausgangshypothese; ebenso Galileis Trägheitsprinzip[2]. Von solcher Art sind auch die Grundhypothesen der Relativitätstheorie, welche zu einer ungeahnten Erweiterung und Vertiefung der Feldtheorie und zu einer Ueberwindung der Grundlagen der klassischen Mechanik geführt hat.[3]

Die Erfolge der Maxwell-Lorentzschen Theorie erzeugten grosses Vertrauen in die Gültigkeit der elektromagnetischen Gleichungen des Vakuums, im Besonderen also auch in die Aussage, dass das Licht sich »im Raume« mit einer bestimmten konstanten Geschwindigkeit c ausbreitet. Gilt diese Aussage von der Konstanz der Licht-Ausbreitungs-Geschwindigkeit inbezug auf beliebige Inertialsysteme[4]? Wenn dies nicht der Fall wäre, so wäre ein bestimmtes Inertialsystem oder genauer ein bestimmter Bewegungs-Zustand (eines Bezugskörpers) von allen anderen ausgezeichnet. Dagegen sprachen aber alle mechanischen und elektromagnetisch-optischen Erfahrungstatsachen.[5]

Es war also geboten, die Gültigkeit des Gesetzes der Konstanz der Lichtausbreitung für alle Inertialsysteme zum Prinzip zu erheben. Daraus folgte, dass die räumlichen Koordinaten X_1, X_2, X_3 und die Zeit X_4 beim Uebergang von einem Inertialsystem zu einem andern sich gemäss der »Lorentz-Transformation« transformieren müssen,[6] welche durch die Invarianz[7] des Ausdruckes

$$ds^2 = dx_1{}^2 + dx_2{}^2 + dx_3{}^2 - dx_4{}^2$$

charakterisiert ist (wenn man die Zeiteinheit so wählt, dass die Lichtgeschwindigkeit c gleich 1 wird).[8]

Dadurch verlor die Zeit ihren absoluten Charakter und wurde den »räumlichen« Koordinaten als algebraisch (nahezu) gleichartige Bestimmungsgrösse zugeordnet; der absolute Charakter der Zeit und im Besonderen der Gleichzeitigkeit war zerstört und die vierdimensionale Beschreibung als einzig adaequate[9] eingeführt.

Damit darüber hinaus der Aequivalenz aller Inertialsysteme inbezug auf alles Naturgeschehen Rechnung getragen sei, muss die Invarianz aller physikalischen Gleichungssysteme, welche allgemeine Gesetze ausdrücken, gegenüber Lorentz-Transformationen gefordert werden. Die Ausführung dieser Forderung bildet den Inhalt der speziellen Relativitätstheorie.[10]

Diese Theorie passt zwar zu den Maxwellschen Gleichungen, ist aber unvereinbar mit der Grundlage der klassischen Mechanik. Zwar lassen sich die Bewegungsgleichungen des materiellen Punktes so modifizieren (und mit ihnen die Ausdrücke für Impuls und kinetische Energie des Massenpunktes), dass der Theorie Genüge geleistet wird. Aber der Begriff der Wechselwirkungskraft (und damit der Begriff der potentiellen Energie eines Systems) verliert seine Grundlage, weil er auf demjenigen der absoluten Gleichzeitigkeit beruht. An die Stelle der Kraft tritt das durch Differentialgleichungen beherrschte Feld.

Da diese Theorie nur Wechselwirkungen durch Felder zulässt, verlangt sie eine Feldtheorie der Gravitation. Es ist auch in der Tat nicht schwer, eine solche aufzustellen, in welcher wie in Newtons Theorie das Gravitationsfeld sich auf einen Skalar[11] zurückführen lässt, der einer partiellen Differentialgleichung genügt.[12] Aber die in Newtons Gravitationstheorie ausgedrückten Erfahrungstatsachen führen auf einen andern Weg, den der allgemeinen Relativitätstheorie.

In der klassischen Mechanik ist es ein unbefriedigender Punkt, dass *dieselbe* Massenkonstante in zwei verschiedenen Weisen im Fundament auftritt; als »träge« Masse im Bewegungsgesetz und als »schwere« Masse im Gravitationsgesetz. Infolgedessen ist die Beschleunigung eines Körpers im reinen Schwerfeld unabhängig vom Material oder: im *gleichförmig beschleunigten* Koordinatensystem (beschleunigt gegenüber einem »Inertialsystem«) vollziehen sich die Bewegungen wie in einem homogenen Gravitationsfelde (gegenüber einem »ruhenden« Koordinatensystem). Nimmt man an, dass die Aequivalenz dieser beiden Fälle eine vollständige sei, so erreicht man eine Anpassung des theoretischen Denkens an die Tatsache der Gleichheit der trägen und schweren Masse.

Damit fällt aber auch die prinzipielle Bevorzugung der »Inertialsysteme« weg und es werden auch *nichtlineare* Transformationen der Koordinaten (X_1, X_2, X_3, X_4) als gleichberechtigt zugelassen. Nimmt man eine solche Transformation von einem Koordinatensystem der speziellen Relativitätstheorie aus vor, so geht deren Metrik

$$ds^2 = dx_1^2 + dx_2^2 + dx_3^2 - dx_4^2$$

über in eine allgemeine (Riemann'sche) Metrik vom Baue

$$ds^2 = g_{\mu\nu}\, dx_\mu\, dx_\nu$$
(über μ und ν summiert)

wobei die inbezug auf μ und ν symmetrischen $g_{\mu\nu}$ gewisse Funktionen von $x_1 \ldots x_4$ sind, welche sowohl die metrischen Eigenschaften als auch das Gravitationsfeld des Raumes gegenüber dem neuen Koordinatensystem beschreiben.[13]

Diesen Fortschritt in der Interpretation des mechanischen Fundamentes hat man aber damit zu erkaufen, dass – wie eine nähere Betrachtung lehrt – die neuen Koordinaten nicht mehr so unmittelbar als Messergebnisse an starren Körpern und Uhren gedeutet werden können wie im ursprünglichen System (einem Inertialsystem mit verschwindendem Gravitationsfelde).

Den Uebergang zur allgemeinen Relativitätstheorie schafft nun die Annahme, dass eine solche Darstellung der genannten Feldeigenschaften des Raumes durch Funktionen $g_{\mu\nu}$ (bezw. durch eine Riemann-Metrik) auch in dem *allgemeinen* Falle berechtigt sei, in welchem es kein Koordinatensystem gibt, inbezug auf welches die Metrik die einfache quasi-euklidische Form der speziellen Relativitätstheorie annimmt.

Die Koordinaten drücken nun an sich nicht mehr metrische Zusammenhänge aus, sondern nur noch das »Benachbartsein« von beschriebenen Dingen, deren Koordinaten wenig voneinander abweichen. Alle singularitätsfreien Transformationen der Koordinaten sind zulässig. Nur solche Gleichungen sind als Ausdruck allgemeiner Naturgesetze sinnvoll, welche bezüglich in diesem Sinne beliebiger Transformationen kovariant[14] sind. (Postulat der allgemeinen Kovarianz).[15]

Erstes Ziel der allgemeinen Relativitätstheorie war eine vorläufige Fassung, welche unter Verzicht auf gewisse Forderungen innerer Geschlossenheit möglichst einfach mit dem »direkt Erlebbaren« verbunden war. Bei Beschränkung auf die reine Gravitations-Mechanik lieferte die Newtonsche Gravitationstheorie das Vorbild. Diese vorläufige Fassung lässt sich so charakterisieren:

(1) Der Begriff des materiellen Punktes und seiner Masse wird beibehalten. Für ihn wird ein Bewegungsgesetz angegeben, welches die Uebersetzung

des Trägheitsgesetzes in die Sprache der allgemeinen Relativitätstheorie ist. Es ist dies ein System von totalen Differentialgleichungen, das der geodätischen Linie[16].

(2) An die Stelle des Newtonschen Wechselwirkungs-Gesetzes durch Gravitation tritt das System der einfachsten allgemein kovarianten Differentialgleichungen, welches für den $g_{\mu\nu}$-Tensor aufgestellt werden kann. Es entsteht durch Nullsetzung des einmal verjüngten Riemannschen Krümmungs-Tensors ($R_{\mu\nu} = 0$).

Diese Formulierung erlaubt die Behandlung des Planetenproblems, genauer die Behandlung des Problems der Bewegung von materiellen Punkten von praktisch verschwindender Masse in einem von einem als »ruhend« gedachten Massenpunkte erzeugten (zentralsymetrischen) Gravitationsfelde. Sie trägt weder der Rückwirkung der »bewegten« Massenpunkte auf das Gravitationsfeld Rechnung, noch stellt sie dar, wie die zentrale Masse das Gravitationsfeld erzeugt.[17]

Die Analogie zur klassischen Mechanik zeigt folgenden Weg zur Vervollständigung der Theorie. Man setzt als Feldgleichungen

$$R_{ik} - \tfrac{1}{2} g_{ik} R = - T_{ik},$$

wobei R den Skalar der Riemannkrümmung, T_{ik} den Energietensor der Materie in einer phänomenologischen Darstellung bedeutet. Die linke Seite ist so gewählt, dass ihre Divergenz identisch verschwindet. Das hieraus folgende Verschwinden der Divergenz der rechten Seite liefert die »Bewegungsgleichungen« der Materie in Form von partiellen Differentialgleichungen für den Fall, dass T_{ik} für die Beschreibung der Materie nur *vier* voneinander unabhängige weitere Funktionen einführt (z.B. Dichte, Druck und Geschwindigkeitskomponenten, wobei zwischen letzteren eine Identität, zwischen Druck und Dichte eine Bedingungsgleichung besteht).[18]

Bei dieser Formulierung ist die ganze Gravitationsmechanik auf die Lösung eines einzigen Systems von kovarianten partiellen Differentialgleichungen reduziert. Diese Theorie vermeidet alle inneren Mängel, welche wir dem Fundament der klassischen Mechanik zur Last gelegt haben; sie genügt – soweit wir wissen – zur Darstellung der Erfahrungen der Himmelsmechanik. Sie gleicht aber einem Gebäude, dessen einer Flügel aus vorzüglichem Marmor (linke Seite der Gleichung), dessen anderer Flügel aus minderwertigem Holze gebaut ist (rechte Seite der Gleichung). Die phänomenologische Darstellung der Materie ist nämlich nur ein roher Ersatz für eine Darstellung, welche allen bekannten Eigenschaften der Materie gerecht würde.

Es macht keine Schwierigkeit, die Maxwellsche Theorie des elektromagnetischen Feldes mit der Theorie des Gravitationsfeldes zu verknüpfen, wenn man sich auf den Raum ohne ponderable Materie und ohne elektrische Dichte beschränkt. Man hat einfach auf die rechte Seite obiger Gleichung für T_{ik} den Energietensor des elektromagnetischen Vakuumfeldes zu setzen und dem so modifizierten Gleichungssystem die allgemein kovariant geschriebenen Maxwell'schen Feldgleichungen des Vakuums zuzuordnen. Es bestehen dann zwischen all diesen Gleichungen hinreichend viele Differential-Identitäten, um deren Kompatibilität zu gewährleisten. Es sei hinzugefügt, dass diese notwendige formale Eigenschaft des gesamten Gleichungssystems die Wahl des Vorzeichens des Gliedes T_{ik} offen lässt, was sich später als bedeutsam erwiesen hat.[19]

Das Streben nach möglichster Einheitlichkeit der Grundlagen der Theorie hat verschiedene Versuche veranlasst, das Gravitationsfeld und das elektromagnetische Feld unter einen einheitlichen formalen Gesichtspunkt zu bringen. Hier ist besonders die fünfdimensionale Theorie von Kaluza und Klein zu nennen.[20] Nach sorgfältiger Abwägung dieser Möglichkeit halte ich es aber doch für richtiger, den genannten Mangel an innerer Einheitlichkeit der ursprünglichen Theorie hinzunehmen, weil mir der Inbegriff der der fünfdimensionalen Theorie zugrundeliegenden Hypothesen nicht weniger Willkür zu enthalten scheint als die ursprüngliche Theorie. Dies gilt auch von der projektiven Abart der Theorie, welche insbesondere von v. Dantzig und von Pauli sorgfältig ausgearbeitet worden ist.[21]

Die letzten Ausführungen bezogen sich ausschliesslich auf die Theorie des materie-freien Feldes. Wie soll man aber von hier aus zu einer vollständigen Theorie der atomistisch konstituierten Materie gelangen? Jedenfalls müssen in einer solchen Theorie Singularitäten ausgeschlossen werden, da sonst die Differentialgleichungen das Gesamtfeld nicht vollständig bestimmen. Es besteht hier für die Feldtheorie der allgemeinen Relativität dasselbe Problem einer feldtheoretischen Darstellung der Materie wie ursprünglich für die Maxwell'sche Theorie allein.

Auch hier führt der Versuch einer feldtheoretischen Konstruktion der Teilchen scheinbar auf Singularitäten. Auch hier suchte man diesem Uebelstande durch Einführung neuer Feldvariabeln und Komplizierung und Erweiterung des Systems der Feldgleichungen abzuhelfen. Vor kurzem entdeckte ich aber zusammen mit Herrn Rosen, dass die oben angedeutete einfachste Kombination der Feldgleichungen von Gravitation und

Elektrizität zentralsymmetrische Lösungen liefert, welche singularitätsfrei dargestellt werden können (die bekannten zentralsymmetrischen Lösungen von Schwarzschild für das reine Gravitationsfeld und die von Reissner für das elektrische Feld unter Berücksichtigung seiner Gravitationswirkung). Hierüber wird im übernächsten Paragraphen kurz berichtet. Es scheint hier eine von zusätzlichen Hypothesen freie reine Feldtheorie der Materie und ihrer Wechselwirkungen möglich, deren Prüfung an der Erfahrung keine anderen als allerdings bedeutende rein mathematische Schwierigkeiten entgegenstehen.[22]

§ 5. Quantentheorie und Fundament der Physik.

Die theoretischen Physiker der gegenwärtigen Generation erwarten sich die Aufstellung eines neuen theoretischen Fundamentes der Physik unter Verwendung von fundamentalen Begriffen, die von denjenigen der bisher betrachteten Feldtheorie erheblich abweichen. Der Grund hierfür liegt darin, dass man sich genötigt gesehen hat, für die mathematische Darstellung der sogenannten Quantenphänomene neuartige Betrachtungsweisen zu verwenden.

Während nämlich das durch die Relativitätstheorie aufgedeckte Versagen der klassischen Mechanik mit der Endlichkeit (dem nicht ∞[1] -sein) der Lichtgeschwindigkeit zusammenhängt, entdeckte man am Anfange unseres Jahrhunderts andersartige Inkongruenzen zwischen Folgerungen der Mechanik und den experimentellen Tatsachen, welche mit der Endlichkeit (dem nicht 0-sein) der Planck'schen Konstante h zusammenhängen. Während nämlich die Molekular-Mechanik ein im wesentlichen *proportionales* Absinken der (monochromatischen) Strahlungsdichte und des Wärmeinhaltes der festen Körper mit sinkender absoluter Temperatur fordert, zeigte die Erfahrung ein viel rascheres Absinken dieser Energiegrössen mit der Temperatur. Um dieses Verhalten theoretisch zu deuten, musste man annehmen, dass die Energie mechanischer Systeme nicht beliebige Werte annehmen kann, sondern nur gewisse diskrete Werte, deren mathematische Ausdrücke stets von der Planckschen Konstante *h* abhängig waren.[2] Auch für die Theorie des Atoms (Bohrsche Theorie) war diese Auffassung wesentlich.[3] Für den Uebergang dieser Zustände ineinander – mit oder ohne Emission bezw. Absorption[4] von Strahlung – konnte man nicht kausale, sondern nur statistische Gesetze angeben, ebenso für den ungefähr zu der gleichen Zeit genauer erforschten radioaktiven Zerfall von Atomen. Mehr als zwei Jahrzehnte lang bemühten sich die Physiker vergebens, eine einheitliche Deutung jenes quantenhaften Charakters der Systeme und Vorgänge zu finden. Eine solche gelang aber vor etwa einem Jahrzehnt durch zwei scheinbar gänzlich verschiedene theoretische Methoden, von denen die eine auf Heisenberg und Dirac, die andere auf de Broglie und Schrödinger zurückgeht; die mathematische Gleichwertigkeit beider Theorien wurde dann bald von Schrödinger erkannt.[5] Ich will hier den der Denkweise des Physikers näher liegenden Gedanken-Weg von de Broglie-Schrödinger zu skizzieren versuchen, um dann allgemeine Ueberlegungen daran zu knüpfen.

Die Frage ist zunächst: Wie kann man einem im Sinne der klassischen Mechanik gegebenen System (die Energie-Funktion ist eine gegebene Funktion der Koordinaten q_r und der zugehörigen Momente p_r) eine diskrete Folge[6] von Energiewerten H_σ zuordnen? Die Plancksche Konstante h ordnet den Energiewerten H_σ die Frequenzwerte $1/h\ H_\sigma$ zu. Es genügt also, dem System eine diskrete Folge von *Frequenz*werten zuzuordnen. Dies erinnert daran, dass in der Akustik der Fall auftritt, dass einer partiellen linearen Differentialgleichung (bei gegebenen Grenzbedingungen) eine Reihe diskreter Frequenzwerte zugeordnet ist, nämlich die der sinusartig periodischen Lösungen[7]. Schrödinger stellte sich dementsprechend die Aufgabe, der gegebenen Energiefunktion $E\,(q_r, p_r)$ eine partielle Differentialgleichung für eine skalare Funktion ψ zuzuordnen, wobei die q_r und die Zeit t die unabhängigen Variabeln sind. Dies gelang ihm (für eine komplexe Funktion ψ) in solcher Weise, dass die von der statistischen Theorie geforderten theoretischen Werte der Energie (H_σ) wirklich in befriedigender Weise aus den periodischen Lösungen der Gleichung sich ergaben.[8]

Allerdings erwies es sich nicht als möglich, einer bestimmten Lösung $\psi\ (q_r, t)$ der Schrödinger-Gleichung einen bestimmten Bewegungsvorgang im Sinne der Mechanik materieller Punkte zuzuordnen; d. h. der

ψ-Funktion entspricht nicht oder wenigstens nie *genau* eine Darstellung der q_r als Funktion der Zeit t. Eine Interpretation der physikalischen Bedeutung der ψ-Funktion erwies sich aber nach Born als in folgender Weise durchführbar: $\psi\bar{\psi}$ (das Quadrat des absoluten Betrages der komplexen Funktion ψ) ist die Wahrscheinlichkeitsdichte für die betrachtete Stelle im Konfigurationsraum der q_r und für den Zeitwert t. Anschaulich, aber etwas ungenau kann man demnach den Inhalt der Schrödinger-Gleichung so charakterisieren: sie bestimmt, wie sich die Wahrscheinlichkeitsdichte einer statistischen System-Gesamtheit im Konfigurationsraum mit der Zeit ändert. Kurz: die Schrödinger-Gleichung bestimmt die Aenderung der Funktion ψ der q_r mit der Zeit.[9]

Es muss erwähnt werden, dass die Ergebnisse der Theorie diejenigen der Punktmechanik als Grenzfälle enthalten, wenn die bei der Lösung des Schrödinger-Problems auftretenden Wellenlängen überall so klein sind, dass die potentielle Energie sich beim Vorschreiten um eine Wellenlänge im Konfigurationsraum nur praktisch unendlich wenig ändert. Dann kann man nämlich folgendes dartun: Man wählt ein Gebiet G_0 im Konfigurationsraum, das zwar (in jeder Richtung) gross gegen die Wellenlänge, aber klein gegen die massgebenden Ausmessungen des Konfigurationsraumes ist.

Man kann dann eine ψ-Funktion für eine Anfangszeit t_0 so wählen, dass sie ausserhalb G_0 verschwindet und sich gemäss der Schrödinger-Gleichung so verhält, dass sie auch für die späteren Zeiten diese Eigenschaft angenähert behält, nur dass das Gebiet G_0 zur Zeit t in ein anderes Gebiet G übergegangen ist. Man kann so angenähert von der »Bewegung« des Gebietes G als ganzen reden und sie durch die Bewegung eines Punktes im Konfigurationsraum approximieren[10]. Diese Bewegung fällt dann mit derjenigen zusammen, welche durch die Gleichungen der klassischen Mechanik gefordert wird.[11]

Interferenzversuche an Teilchenstrahlen lieferten den glänzenden Beweis dafür, dass der von der Theorie angenommene Wellencharakter der Bewegungsvorgänge der Wirklichkeit entspricht. Ferner gelang es der Theorie mit Leichtigkeit, die statistischen Gesetze des Ueberganges eines Systems von einem Quantenzustande zu einem andern unter der Wirkung äusserer Kräfte darzustellen, was vom Gesichtspunkte der klasssischen Mechanik wie ein Wunder erscheint. Die äusseren Kräfte wurden hierbei durch kleine zeitabhängige Zusätze zur potentiellen Energie dargestellt. Während solche Zusätze nach der klassischen Mechanik nur entsprechend kleine Aenderungen des Systems erzeugen können, erzeugen sie nach der Quantenmechanik beliebig grosse Aenderungen, aber mit entsprechend kleiner Wahrscheinlichkeit – durchaus im Einklang mit der Erfahrung. Selbst ein Verständnis für die Gesetze des radioaktiven Zerfalles liefert diese Theorie zumindest in grossen Zügen.

Es dürfte überhaupt wohl kaum jemals eine Theorie aufgestellt worden sein, welche einen Schlüssel zur Deutung und Berechnung so verschiedenartiger Erfahrungsthatsachen geliefert hat wie die Quantenmechanik. Trotzdem glaube ich, dass sie dazu angetan ist, uns beim Suchen nach einem einheitlichen Fundament der Physik in die Irre zu führen; sie ist nämlich nach meiner Ansicht eine *unvollständige* Darstellung der wirklichen Gebilde, wenn auch die einzig zutreffende, welche sich auf die Grundbegriffe materieller Punkt und Kraft bauen lässt (Quantenkorrektur der klassischen Mechanik). Der Unvollständigkeit der Darstellung entspricht aber notwendig der statistische Charakter (Unvollständigkeit) der Gesetzlichkeit. Diese Meinung will ich nun begründen:

Ich frage zunächst: inwiefern beschreibt die ψ-Funktion einen wirklichen Zustand eines mechanischen Systems? Es seien ψ_r die (nach aufsteigenden Werten der Energie geordneten) periodischen Lösungen der Schrödinger-Gleichung. Die Frage, inwieweit die einzelnen ψ_r *vollständige* Beschreibungen von physikalischen Zuständen sind, lasse ich vorläufig offen. Ein

System befindet sich zunächst im Zustande ψ_1 niedrigster Energie E_1. Dann wirke auf das System während einer beschränkten Zeit eine kleine störende Kraft. Für eine spätere Zeit erhält man dann aus der Schrödinger-Gleichung eine ψ-Funktion von der Gestalt

$$\psi = \Sigma c_r \psi_r$$

wobei die c_r (komplexe) Konstante sind. Sind die ψ_r »normiert« so ist $|c_1|$ nahezu gleich 1, $|c_2|$ etc. klein gegen 1. Man kann nun fragen: Beschreibt ψ einen wirklichen Zustand des Systems? Wenn ja, so dürften wir kaum anders können, als diesem Zustand eine bestimmte Energie E zuzuschreiben* und zwar eine solche, die E_1 um ein geringes übersteigt (Jedenfalls $E_1 < E < E_2$). Eine solche Annahme ist aber mit den Elektronenstoss-Versuchen, wie sie zuerst von J. Franck und G. Hertz durchgeführt worden sind, im Widerspruch, wenn man noch Millikans Nachweis von der diskreten Natur der Elektrizität zuhilfe nimmt.[12] Aus diesen Versuchen folgt nämlich, dass es Energie-Zustände eines Systems, die zwischen den Quanten-Werten liegen, nicht gibt.

* Denn die Energie eines (ruhenden) Gesamtsystems ist gleich dessen Trägheit (als Ganzes) gemäss einem gesicherten Ergebnis der Relativitätstheorie. Diese aber muss einen wohldefinierten, bestimmten Wert haben.

Hieraus folgt, dass unsere Funktion ψ überhaupt keinen einheitlichen Zustand des Gebildes beschreibt, sondern eine statistische Aussage darstellt, in welcher die c_r Wahrscheinlichkeiten der einzelnen Energie-Werte bedeuten. Es scheint mir deshalb klar, dass die Born'sche statistische Deutung der Aussagen der Quantentheorie[13] die einzig mögliche ist: Die ψ-Funktion beschreibt überhaupt nicht einen Zustand, der einem einzelnen System zukommen könnte; sie bezieht sich vielmehr auf so viele Systeme, eine »System-Gesamtheit« im Sinne der statistischen Mechanik. Wenn die ψ-Funktion abgesehen von besonderen Fällen nur *statistische* Aussagen über messbare Grössen liefert, so liegt dies also nicht nur daran, dass *der Vorgang der Messung* unbekannte, nur statistisch erfassbare Elemente einführt, sondern eben daran, dass die ψ-Funktion überhaupt nicht den Zustand *eines* Einzelsystems beschreibt. Die Schrödinger-Gleichung bestimmt die zeitlichen Aenderungen, welche die System-Gesamtheit erfährt, sei es ohne, sei es mit äusseren Einwirkungen auf das Einzel-System.[14]

Eine solche Interpretation beseitigt auch eine von mir zusammen mit zwei Mitarbeitern jüngst dargestellte Paradoxie, die sich auf folgenden Fall bezieht[15]:

Ein mechanisches System bestehe aus zwei Teilsystemen A und B, die nur während einer beschränkten Zeit in Wechselwirkung miteinander treten. Die ψ-Funktion vor der Wechselwirkung sei gegeben. Dann liefert die Schrödinger-Gleichung die ψ-Funktion nach der Wechselwirkung. Es werde nun der physikalische Zustand des Teilsystems *A* durch eine möglichst vollständige Messung bestimmt. Die Quantenmechanik erlaubt dann, aus dem Messungsresultat und der ψ-Funktion des Gesamtsystems die ψ-Funktion des Teilsystems *B* zu bestimmen. Diese Bestimmung liefert aber ein Ergebnis, das davon abhängt, *welche* Zustandsgrössen von *A* gemessen werden (z. B. Koordinaten *oder* Momente). Da es nur *einen* physikalischen Zustand von *B* nach der Wechselwirkung geben kann, welcher vernünftigerweise nicht davon abhängig gedacht werden kann, was für Messungen ich an dem von *B* getrennten System *A* vornehme, zeigt dies, dass die ψ-Funktion dem physikalischen Zustande *nicht* eindeutig zugeordnet ist. Diese Zuordnung mehrerer ψ-Funktionen zu demselben physikalischen Zustande des Systems *B* zeigt wieder, dass die ψ-Funktion nicht als (vollständige) Beschreibung eines physikalischen Zustandes (eines Einzelsystems) gedeutet werden kann. Die Zuordnung der ψ-Funktion zu einer System-Gesamtheit beseitigt auch hier jede Schwierigkeit.*

* Vornahme einer Messung von A bedeutet nämlich dann Uebergang zu einer engeren System-Gesamtheit. Letztere, (also auch

Dass die Quantenmechanik in so einfacher Weise Aussagen über (scheinbar) diskontinuierliche Uebergänge von einem Gesamtzustande in einen andern abzuleiten gestattet, ohne wirklich eine Darstellung des eigentlichen Prozesses zu geben, hängt damit zusammen, dass die Theorie in Wahrheit nicht mit dem Einzelsystem sondern mit einer System-Gesamtheit operiert. Die Koeffizienten c_r unseres ersten Beispieles ändern sich eben unter der Wirkung der äusseren Kräfte nur wenig. Man begreift bei dieser Interpretation der Quantenmechanik, wieso diese der Tatsache mit Leichtigkeit gerecht werden kann, dass schwache, störende Kräfte beliebig grosse Aenderungen des physikalischen Zustandes eines Systems bewirken können. Solche störenden Kräfte erzeugen nämlich nur entsprechend schwache Aenderungen der *statistischen Dichten* in der System-Gesamtheit, also auch nur unendlich schwache Aenderungen der ψ-Funktion, deren mathematische Beschreibung weit weniger Schwierigkeiten darbietet als die mathematische Darstellung der endlichen Aenderungen, welche ein Teil der Einzelsysteme erleidet. Der am Einzelsysteme sich abspielende Vorgang bleibt freilich bei solcher Betrachtungs-

deren ψ-Funktion) hängt davon ab, nach welchem Gesichtspunkte diese Verengung der System-Gesamtheit vorgenommen wird.

weise völlig unaufgeklärt; letzterer ist eben durch die statistische Betrachtungsweise aus der Darstellung völlig eliminiert.

Ich frage nun aber:

Glaubt wirklich irgend ein Physiker, dass wir in diese bedeutenden Veränderungen der Einzelsysteme, ihre Struktur und ihre Kausalzusammenhänge niemals werden einen Einblick erlangen können, trotzdem jene Einzelvorgänge dank der wunderbaren Erfindungen der Wilson-Kammer und des Geiger-Zählers[16] in solche Erlebnisnähe gerückt sind? Dies zu glauben, ist zwar logisch widerspruchsfrei möglich, widerstrebt aber meinem wissenschaftlichen Instinkt so lebhaft, dass ich es nicht unterlassen kann, nach einer vollständigeren Auffassungsweise zu suchen.

Zu diesen Erwägungen kommen noch solche anderer Art hinzu, welche ebenfalls dagegen sprechen, dass die durch die Quantenmechanik eingeschlagene Methode geeignet sei, ein brauchbares Fundament für die ganze Physik zu liefern. In der Schrödinger-Gleichung spielt die absolute Zeit, bezw. die potentielle Energie eine entscheidende Rolle, welche Begriffe durch die Relativitätstheorie als im Prinzip unzulässig erkannt sind. Will man davon loskommen, so muss man statt der Wechselwirkungskräfte Felder und Feldgesetze zugrunde legen. Dies führt dahin, auf Felder, d. h. Systeme von unendlich vielen Freiheitsgraden die statistische Methode der Quantenmechanik zu übertragen. Obwohl die bisherigen Versuche sich auf lineare Gleichungen beschränken, was doch nach den Ergebnissen der allgemeinen Relativitätstheorie nicht genügen kann, sind die bei den bisherigen überaus scharfsinnigen Bemühungen auftretenden Komplikationen bereits abschreckend gross. Sie müssen sich türmen, wenn man der Forderung der allgemeinen Relativität gerecht werden will, an deren grundsätzlicher Berechtigung doch niemand zweifelt.

Es ist allerdings darauf hingewiesen worden, dass bereits die Einführung eines raum-zeitlichen Kontinuums angesichts der molekularen Struktur allen Geschehens im Kleinen möglicherweise als naturwidrig anzusehen sei. Vielleicht weise der Erfolg von Heisenbergs Methode auf eine rein algebraische Methode der Naturbeschreibung, auf die Ausschaltung kontinuierlicher Funktionen aus der Physik hin. Dann aber muss auch auf die Verwendung des Raum-Zeit-Kontinuums prinzipiell verzichtet werden. Es ist nicht undenkbar, dass der menschliche Scharfsinn einst Methoden finden wird, welche die Beschreitung dieses Weges möglich machen. Einstweilen aber erscheint dieses Projekt ähnlich wie der Versuch, in einem luftleeren Raum zu atmen.

Es ist kein Zweifel, dass die Quantenmechanik ein schönes Stück Wahrheit erfasst hat, und dass es ein Prüfstein eines künftigen theoretischen Fundamentes sein wird, dass sie als Grenzfall aus diesem Fundament deduzierbar sein muss – etwa wie die Elektrostatik aus den Maxwellschen Gleichungen des elektromagnetischen Feldes oder die Thermodynamik aus der klassischen Mechanik. Aber ich glaube, dass beim Aufsuchen jenes Fundamentes die Quantenmechanik nicht als *Ausgangspunkt* dienen kann, so wenig als man umgekehrt ausgehend von der Thermodynamik bezw. statistischen Mechanik auf das Fundament der Mechanik kommen könnte.

Angesichts dieser Sachlage erscheint es mir durchaus gerechtfertigt, die Frage ernsthaft zu erwägen, ob nicht *doch* die Grundlage der Feldphysik mit den Quanten-Tatsachen vereinbar ist. Ist doch diese Grundlage die einzige, welche bei dem heutigen Stande unserer mathematischen Ausdrucksmittel dem Postulat[17] der allgemeinen Relativität sich anpassen lässt. Die unter den Physikern der Gegenwart vorherrschende Ueberzeugung von der Aussichtslosigkeit eines solchen Versuches dürfte mit der unbegründeten Ueberzeugung zusammenhängen, dass eine solche Theorie in erster Näherung auf die Gleichungen der klassischen Mechanik für die Bewegung der Korpuskeln führen müsse, oder wenigstens auf totale Differentialgleichungen. In Wahrheit ist es aber bisher überhaupt nicht gelungen, Korpuskeln feldtheoretisch singularitätsfrei darzustellen, und wir können über das Verhalten solcher Gebilde a priori gar nichts aussagen. *Eines* aber ist sicher: liefert eine Feldtheorie eine singularitätsfreie Darstellung der Korpuskeln, so ist deren zeitliches Verhalten durch die Differentialgleichungen des Feldes allein bestimmt.

§ 6. Relativitätstheorie und Korpuskeln.

Ich will nun noch zeigen, dass es gemäss der allgemeinen Relativitätstheorie singularitätsfreie Lösungen der Feldgleichungen gibt, welche als Darstellung von Korpuskeln gedeutet werden können. Ich beschränke mich hier auf neutrale Teilchen, weil ich den Gegenstand vor kurzem zusammen mit Herrn Rosen an anderer Stelle ausführlich dargelegt habe,[1] und weil das Wesentliche der Sache sich an diesem Falle völlig darstellen lässt.

Das Gravitationsfeld wird durch den Tensor $g_{\mu\nu}$ vollständig beschrieben. In den Drei-Indices-Symbolen $\Gamma_{\mu\nu}{}^{\sigma}$ treten auch die kontravarianten $g^{\mu\nu}$ auf, welche als die durch die Determinante g ($= |g_{\alpha\beta}|$) dividierten Unterdeterminanten der $g_{\mu\nu}$ definiert sind. Damit die R_{ik} bildbar und endlich seien, genügt es nicht, dass es für die Umgebung jedes Punktes des Kontinuums ein Koordinatensystem gebe, in welchem die $g_{\mu\nu}$ und ihre ersten Differentialquotienten stetig und differenzierbar sind, sondern es darf auch die Determinante g nirgends verschwinden. Diese letztere Einschränkung fällt aber weg, wenn man die Differentialgleichungen $R_{ik} = 0$ durch $g^2 R_{ik} = 0$ ersetzt, deren linke Seiten *ganze* rationale Funktionen der g_{ik} und ihrer Ableitungen sind.[2]

Diese Gleichungen haben die von Schwarzschild angegebene zentralsymmetrische Lösung

$$ds^2 = -\frac{1}{1-2m/r}dr^2 - r^2(d\theta^2 + \sin^2\theta d\varphi^2) + \left(1 - \frac{2m}{r}\right)dt^2.$$

Diese Lösung hat bei $r = 2m$ eine Singularität, da der Faktor von $dr^2(g_{11})$ an dieser Hyperfläche ∞ wird. Ersetzt man jedoch die Variable r durch ρ gemäss der Substitution

$$\rho^2 = r - 2m$$

so erhält man

$$ds^2 = -4(2m + \rho^2)d\rho^2 - (2m + \rho^2)^2(d\theta^2 + \sin^2\theta d\varphi^2) + \frac{\rho^2}{2m + \rho^2}dt^2.$$

Diese Lösung verhält sich für alle ρ regulär. Das Verschwinden des Faktors von $dt^2(g_{44})$ für $\rho = 0$ bewirkt zwar, dass hier die Determinante g verschwindet, was aber bei der gewählten Schreibweise der Feldgleichungen keine Singularität bedeutet.

Läuft ρ zwischen $-\infty$ und $+\infty$, so läuft r von $+\infty$ bis $r = 2m$ und dann wieder zurück bis $+\infty$ während solchen r für welche $r < 2m$, überhaupt keine reellen ρ entsprechen. Die Schwarzschildsche Lösung wird also dadurch zu einer regulären Lösung, dass man den physikalischen Raum als aus zwei identischen »Schalen« bestehend darstellt, welche in der Hyperfläche $\rho = 0$ bezw. $r = 2m$ aneinandergrenzen, für welch letztere die Determinante g verschwindet. Eine derartige Verbindung zwischen den beiden (identischen) Schalen wollen wir eine »Brücke« nennen. Die Existenz einer »Brücke« zwischen beiden Schalen im Endlichen entspricht also einem materiellen neutralen Teilchen, welches singularitätsfrei beschrieben ist.[3]

Die Lösung des Problems der Bewegung von neutralen Teilchen kommt offenbar hinaus auf die Auffindung von solchen Lösungen der (nennerfrei geschriebenen) Gravitationsgleichungen, welche mehrere Brücken aufweisen.

Die im Vorigen skizzierte Auffassung wird von vorneherein der atomistischen Struktur der Materie insofern gerecht, als die »Brücke« ihrer Natur nach ein diskretes Element ist. Ausserdem versteht man, dass die Massenkonstante m des neutralen Teilchens notwendig positiv sein muss, da sich der Schwarzschild'schen Lösung für negatives m keine singularitätsfreie Lösung zuordnen lässt. Erst die Untersuchung des Mehr-Brücken-Problems kann zeigen, ob diese theoretische Methode eine Erklärung für die empirisch erwiesene Massengleichheit der Teilchen in der Natur liefert, und ob sie den von der Quantenmechanik so wunderbar erfassten Tatsachen gerecht wird.

Analog lässt sich zeigen, dass die kombinierten Gleichungen von Gravitation und Elektrizität (bei passender Wahl des Vorzeichens des elektrischen Gliedes in den Gravitationsgleichungen) eine singularitätsfreie Brückendarstellung für das elektrische Korpuskel liefern. Die einfachste Lösung dieser Art ist die für ein elektrisches Teilchen ohne Gravitationsmasse.

Solange die bedeutenden mathematischen Schwierigkeiten für die Lösung des Mehr-Brücken-Problems nicht überwunden sind, lässt sich über die Brauchbarkeit der Theorie vom physikalischen Standpunkt aus nichts aussagen. Es ist aber tatsächlich der erste Versuch einer konsequenten Ausbildung einer Feldtheorie, von dem die Möglichkeit besteht, dass er die Eigenschaften der Materie darstellt. Zugunsten dieses Versuches muss auch geltend gemacht werden, dass er sich auf die nach dem heutigen Stand unserer mathematischen Einsicht einfachsten allgemein relativistischen Feldgleichungen gründet.

Zusammenfassung.

Physik ist ein in Entwicklung begriffenes logisches Gedankensystem, dessen Grundlage nicht durch eine induktive Methode aus den Erlebnissen herausdestilliert, sondern nur durch freie Erfindung gewonnen werden kann. Die Berechtigung (Wahrheitswert) des Systems liegt in der Bewährung von Folgesätzen an den Sinneserlebnissen, wobei die Beziehung der letzteren zu ersteren nur intuitiv erfassbar ist. Die Entwicklung vollzieht sich in der Richtung wachsender Einfachheit des logischen Fundamentes. Um diesem Ziele näher zu kommen, müssen wir uns damit abfinden, dass die logische Grundlage immer erlebnisferner und der gedankliche Weg von den Grundlagen bis zu jenen Folgesätzen, welche ihr Korrelat[1] in Sinneserlebnissen finden, immer beschwerlicher und länger wird.

Unser Ziel war, die Entwicklung der Grundbegriffe in ihrer Abhängigkeit von dem Erlebnismaterial und vom Streben nach innerer Vervollkommnung des Systems so kurz als möglich zu skizzieren. Der gegenwärtige Stand sollte durch diese Betrachtung beleuchtet werden – wie er mir erscheint. (Historisch-schematische Darstellung muss persönlich gefärbt sein; dies ist unvermeidlich.)

Ich suche zu zeigen, wie die Begriffe körperliches

Objekt, Raum, subjektive und objektive Zeit miteinander und mit dem Charakter des Erlebens zusammenhängen. In der klassischen Mechanik werden die Begriffe Raum und Zeit selbständig; der Begriff des körperlichen Objekts wird in der Grundlage ersetzt durch den des materiellen Punktes, wodurch die Mechanik zum Fundament atomistisch wird. Bei dem Versuch, die Mechanik zum Fundament der ganzen Physik zu machen, machen Licht und Elektrizität unüberwindliche Schwierigkeiten. Dies führt zur Feldtheorie der Elektrizität und weiter zu dem Versuch, die Physik ganz auf den Feldbegriff zu gründen (nach versuchtem Kompromiss mit der klassischen Mechanik). Dieser Versuch führt zur Relativitätstheorie (Sublimierung des Raum- und Zeitbegriffes zum Kontinuum mit metrischer Struktur).

Ich suche ferner darzutun, warum nach meiner Ansicht die Quantentheorie nicht dazu geeignet zu sein scheint, ein brauchbares Fundament der Physik zu liefern: Man gerät in Widersprüche, wenn man die quantentheoretische Beschreibung als eine *vollständige* Beschreibung des einzelnen physikalischen Systems bezw. Vorgangs zu betrachten sucht.

Andererseits ist die Feldtheorie bisher nicht imstande, eine Theorie der Molekularstruktur der Materie und der Quanten-Phänomene zu liefern. Es wird aber gezeigt, dass die Ueberzeugung von der Unfähigkeit der Feldtheorie, diese Probleme mit ihren Methoden zu lösen, auf Vorurteilen beruht.

Zu dieser Ausgabe

Textgrundlage der Ausgabe ist die Erstveröffentlichung des Textes:

Albert Einstein: Physik und Realität. In: The Journal of the Franklin Institute 221 (März 1936) Nr. 3. S. 313–347.

Orthographie und Interpunktion wurden vom Original übernommen. Offensichtliche Fehler wurden stillschweigend korrigiert.

Anmerkungen

§ 1. Allgemeines über die wissenschaftliche Methode.

1 *auf der Suche nach einem neuen Fundament … von ihm benutzten Begriffe nach Kräften klar zu werden versuchen:* Im Mai 1940 griff Einstein in einem Artikel für die Zeitschrift Science seine Gedanken zu den fragwürdig gewordenen begrifflichen Grundlagen der Physik erneut auf, um anhand eines historischen Abrisses die Wandelbarkeit des physikalischen Fundaments in sogenannten »Revolutions-Perioden« (Einstein 1940/1993, S. 108) zu erläutern. Die Bedeutung dieser historischen Phasen als zentrale Momente des wissenschaftlichen Fortschritts wurde später von dem amerikanischen Wissenschaftshistoriker Thomas S. Kuhn (1922–1996) in seinem Klassiker *The Structure of Scientific Revolutions* (›Die Struktur wissenschaftlicher Revolutionen‹, vgl. Kuhn 1962/1976) betont.

2 *Alle Wissenschaft ist nur eine Verfeinerung des Denkens des Alltags:* Der österreichisch-britische Wissenschaftstheoretiker Karl R. Popper (1902–1994) hat Einsteins Aussage über die Beziehung zwischen Wissenschaft und Alltag in ein einprägsames Bild gefasst: Im Vorwort zur ersten englischen Ausgabe seiner *The Logic of Scientific Discovery* (›Logik der Forschung‹) schrieb er: »Denn man könnte sagen, daß die wissenschaftliche Erkenntnis es uns ermöglicht, die Alltagserkenntnis gewissermaßen unter dem Vergrößerungsglas zu studieren, so daß, wenn wir

die wissenschaftliche Erkenntnis betrachten, wir so etwas wie ein vergrößertes Bild der Alltagserkenntnis vor uns sehen.« (Popper 1959/1994, S. XXII)

3 *affiziert:* hier: berührt.

4 *jene Begriffe und Relationen … gedankliche Verknüpfungen schaffen:* Einstein dürfte den angeführten Weg von den Sinneserlebnissen zu den realen Objekten der Physik als eine Art Synthese aus Empirismus, Konventionalismus und Realismus verstanden haben. Während der österreichische Physiker und Wissenschaftshistoriker Ernst Mach (1838–1916) Pate für die Beschreibung einer sinnesphysiologisch bestimmten empirischen Grundlage stand, prägten die beiden französischen Wissenschaftsphilosophen – also der Physiker Pierre Duhem (1861–1916) und der Mathematiker Henri Poincaré (1854–1912) – Einsteins Gedanken, dass zentrale Begriffe und theoretische Strukturen in Teilen frei und zweckmäßig konstruiert bzw. konventionell festgelegt werden; zugleich bleibt der realistische Anspruch leitend, dass solche Konstruktionen auf eine objektive Wirklichkeit zielen. Siehe dazu Mach 1902, Duhem 1908 und Poincaré 1902/1904.

5 *Immanuel Kants:* Der Königsberger Philosoph (1724–1804) hatte in seiner epochemachenden *Kritik der reinen Vernunft* die beiden menschlichen Erkenntnisquellen der Sinnlichkeit und des Verstandes in eine wechselseitige Abhängigkeit gesetzt. Prägnant drückte er dies in seiner berühmten Formel aus: »Gedanken ohne Inhalt sind leer, Anschauungen ohne Begriffe sind blind.« (Kant, KrV, A 51, B 75)

6 *a priori:* nur aus der Bedeutung der Begriffe heraus, ohne Hinzufügung von Erfahrungswissen.

7 *d.h. es gibt keine endgültigen Kategorien im Sinne Kants:* Einstein könnte sich hier auf Popper bezogen haben, mit dessen *Logik der Forschung* er sich intensiv beschäftigt hatte. Beide standen in brieflichem Austausch. In der *Logik der Forschung* heißt es: »Das Spiel Wissenschaft hat grundsätzlich kein Ende: wer eines Tages beschließt, die wissenschaftlichen Sätze nicht weiter zu überprüfen, sondern sie etwa als endgültig verifiziert zu betrachten, der tritt aus dem Spiel aus.« (Popper 1935, S. 23)

8 *Die mit typischen Komplexen von … »primäre Begriffe« nennen:* Um sich nicht auf eine rein empiristische Weise auf Sinneserlebnisse beziehen zu müssen, d.h. um Erkenntnis nicht ausschließlich aus Sinneserfahrung bzw. Beobachtung abzuleiten – im Unterschied zu »empirisch« als lediglich auf Erfahrung gestützt –, fasste Einstein den kreativen und schöpferischen Prozess der Gedankenkonstruktion in den Wissenschaften unter dem Begriff der Intuition als eine nicht logisch fassbare Erkenntnisweise zusammen. Empirie und Intuition wirken zusammen, um das zu erzeugen, was Einstein »primäre Begriffe« nennt.

9 *nur dann notwendig, eine solche Unterscheidung wirklich durchzuführen, … wirklich inhaltvoll ist:* Der deutsche Physiker und Philosoph Moritz Schlick (1882–1936) hatte in seinem Beitrag für den »Congrès International de Philosophie Scientifique« bzw. »Ersten internationalen Kongress für Einheit der Wissenschaft« in Paris im September 1935 den erkenntnisrelevanten Unterschied zwischen den

durch die Erfahrung nahegelegten Definitionen (Konventionen) und den auf Wahrheit abzielenden Naturgesetzen diskutiert, wobei er im Sinne Einsteins zu dem Schluss kommt, dass »das, was zur Erkenntnis selber gehört, von dem zu sondern« sei, »was nur zur Darstellung gehört«, womit »eine *wichtige* Einsicht« verbunden ist, »gerade weil sie uns veranlasst, uns auf den Unterschied zwischen Wesen und Gewand, zwischen Kern und Schale recht sorgfältig zu besinnen: eine echt philosophische Arbeit.« (Schlick 1936a/2021, S. 114)

10 *Streben nach möglichster logischer Einheitlichkeit des Weltbildes bezw. logischer Einfachheit seiner Grundlagen:* Die von Einstein angeführten epistemischen Werte der Einheit und der Einfachheit dienen bis heute zur Beurteilung der Güte von wissenschaftlichen Theorien. Auch Poincaré hebt sie hervor: »Vor allem müssen wir beachten, daß jede Verallgemeinerung bis zu einem gewissen Grade den Glauben an die Einheit und die Einfachheit der Natur voraussetzt.« (Poincaré 1902/1904, S. 147) Der Gedanke, dass das wissenschaftliche Begriffssystem in Schichten bzw. aufeinander folgenden bzw. konsekutiven Entwicklungsstufen organisiert ist, findet sich ebenfalls bei Poincaré (1902/1904) sowie bei dem deutschen Logiker und Philosophen Rudolf Carnap (1891–1970) in dessen Werk *Der logische Aufbau der Welt* (Carnap 1928).

11 *tertiären*: dritten.

12 *Deduktion*: Ableitung.

13 *Abstraktions- bezw. Induktions-Theorie:* hier: empirische Verallgemeinerung.

14 *Axiome:* Unter Axiomen versteht man frei wählbare Grundannahmen, aus denen sich möglichst viele erfahrungsnahe Begriffe und Aussagen ableiten lassen, um ein einheitliches und systematisches Verständnis zu ermöglichen. Die Methode der Axiomatisierung in den exakten Wissenschaften geht auf den deutschen Mathematiker David Hilbert (1862–1943) zurück. Ihre Ursprünge finden sich aber bereits in der antiken griechischen Mathematik, etwa bei Euklid (ca. 300 v. Chr.).

15 *intermediären:* hier: zwischengeordneten und vorläufigen.

§ 2. Die Mechanik und der Versuch, auf sie die gesamte Physik zu gründen.

1 *Poincaré hat nun mit Recht hervorgehoben ... machen können:* Es heißt bei Poincaré: »Unter den Objekten, welche uns umgeben, gibt es einige, die häufig solche Ortsveränderungen erleiden, daß sie durch eine *entsprechende* Bewegung unseres Körpers korrigiert werden können; dies sind *die festen Körper.* Die anderen Objekte, deren Gestalt veränderlich ist, unterliegen nur ausnahmsweise derartigen Verschiebungen (Ortsveränderungen ohne Veränderung der Form.) Wenn ein Körper sich verschiebt und sich zugleich *deformiert,* so können wir [uns] durch geeignete Bewegungen unserer Sinnesorgane nicht mehr in dieselbe *relative* Lage in Bezug auf diesen Körper zurückführen. Wir können folglich die ursprüngliche Gesamtheit von

Eindrücken nicht mehr wiederherstellen.« (Poincaré 1902/1904, S. 62)

2 *für die Bildung des Raumbegriffes fundamental wichtig … »praktisch-starr« nennen:* Einstein geht davon aus, dass die Begriffe von Raum und Zeit in der Physik nicht einfach vorausgesetzt werden können, sondern erst konstruiert werden müssen. Grundlage dafür sind sogenannte »praktisch-starre« oder »feste Körper«. Poincaré beschreibt diese wie folgt: »Unter den Objekten, welche uns umgeben, gibt es einige, die häufig solche Ortsveränderungen erleiden, daß sie durch eine entsprechende Bewegung unseres Körpers korrigiert werden können; dies sind die festen Körper.« (Ebd.)

3 *Konstituenten:* hier: die beiden Teilkörper, aus denen das Ganze besteht.

4 *Bezugskörper:* Als Bezugskörper werden frei wählbare Körper (Maßstäbe) bezeichnet, mit deren Hilfe sich die Lage und Bewegung anderer Körper beschreiben lässt. Dies ist möglich, da davon ausgegangen wird, dass sie sich in starrer Weise fortsetzen bzw. weiterbewegen lassen und somit als Basis für die empirische Bestimmung (Messung) von Raumbeziehungen dienen können. Bezüglich der Zeitbestimmung erfüllt eine Uhr die Rolle des Bezugskörpers.

5 *implizite:* mitgemeinte, aber nicht ausdrücklich gesagte.

6 *Descartes:* René Descartes (1596–1650), nicht nur einer der einflussreichsten Philosophen, sondern auch ein epochemachender Mathematiker, der Geometrie und Algebra verband und vor allem das Koordinatensystem erfand.

7 *Letzteres hat erst Descartes unternommen:* vgl. den Essay über Geometrie in Descartes 1637/2013, S. 312–412.

8 *logisch-axiomatischen:* aus festgesetzten Axiomen (vgl. § 1, Anm. 14) rein logisch abgeleitet, ohne Bezug auf Erfahrung und Messung.

9 *der euklidischen Geometrie:* die Geometrie des flachen Raumes mit dem Parallelenaxiom: Durch einen Punkt außerhalb einer Geraden gibt es genau eine Parallele.

10 *Homogenität, Isotropie (und Existenz ähnlicher Gebilde) charakterisiert:* Homogenität bedeutet, dass der Raum überall gleich beschaffen ist, es gibt also keinen ausgezeichneten Punkt und die geometrischen Gesetze gelten an jedem Ort gleichermaßen. Isotropie besagt, dass der Raum in alle Richtungen die gleichen Eigenschaften hat, d. h., es gibt keine bevorzugte Richtung. Die Existenz ähnlicher Gebilde meint, dass geometrische Figuren unabhängig von ihrer Größe oder ihrem Maßstab in ihrer Form übereinstimmen können, also durch Vergrößerung oder Verkleinerung zueinander ähnlich bleiben.

11 *petitio principii:* lat. für »das Annehmen des Anfangsgrundes«; ein logischer Fehlschluss, der besagt, dass das, was bewiesen werden soll, schon vorausgesetzt wird.

12 *distantes:* entferntes.

13 *die Ausbreitungszeit des Lichtes vernachlässigen können:* wegen der extrem hohen Geschwindigkeit, mit der sich Licht ausbreitet, nämlich mit etwa 300 000 km/s, weshalb die Laufzeit in Alltagsmaßen meist vernachlässigbar ist.

14 *Wir pflegen daher … Unterschied zwischen Zeit und Lokal-*

zeit verwischt wird: Einsteins Analyse der Gleichzeitigkeit voneinander entfernter Ereignisse und ihre praktische Festlegung durch eine objektive Messmethode sind in seiner grundlegenden Arbeit zur speziellen Relativitätstheorie zu finden: Einstein 1905c.

15 *von actio und reactio:* Gemeint ist Isaac Newtons (1643–1727) drittes Gesetz, das auch als »Wechselwirkungsgesetz« bezeichnet wird: Zu jeder Kraft gehört eine gleich große, entgegengesetzt gerichtete Gegenkraft.

16 *Zusammen mit Newtons Kraftgesetz der Gravitation:* Das Gesetz besagt, dass sich zwei Massen einander mit einer Kraft anziehen, die proportional zum Produkt ihrer Massen und umgekehrt proportional zum Quadrat ihres Abstands ist.

17 *Inertialsysteme:* Ein Inertialsystem ist ein Bezugssystem, in dem ein Körper ohne die Einwirkung von äußeren Kräften in Ruhe verharrt oder sich geradlinig und gleichförmig bewegt. In einem solchen System gelten die Newton'schen Gesetze (insbesondere das Trägheitsgesetz).

18 *Eimer-Versuch:* Mit diesem Versuch wollte Isaac Newton demonstrieren, dass die Rotation eine absolute Bewegung ist: Wird ein mit Wasser gefüllter Eimer in Drehung versetzt, steigt der Wasserspiegel am Rand (wird konkav), selbst wenn das Wasser relativ zum Eimer in Ruhe ist. Dies zeigt, dass die Rotation nicht relativ zum Eimer, sondern zum absoluten Raum erfolgt (Newton 1687/1963, S. 29–31) Ernst Mach kritisierte diese Auslegung des Versuchs. Er argumentierte, dass die Krümmung als Effekt der Relativdrehung gegenüber den anderen Massen im Uni-

versum aufzufassen ist, womit er Trägheit und Schwere aufeinander bezog (Mach 1883, S. 216 f.).

19 *explicite:* explizit.

20 *deduzieren:* hier: ableiten.

21 *Lagrangesche Gleichungen, kanonische Gleichungen u. s. w.:* Gemeint sind die modernen Formulierungen der Mechanik – etwa die Lagrange'schen Gleichungen von Joseph-Louis Lagrange (1736–1813) und die kanonischen (Hamilton'schen) Gleichungen von William Rowan Hamilton (1805–1865) –, mit denen sich Bewegungen besonders systematisch beschreiben lassen.

22 *Der Begriff »materieller Punkt« ist grundlegend für die Mechanik:* Ein materieller Punkt ist ein idealisierter Körper, dessen Ausdehnung vernachlässigt wird, der aber eine Masse besitzt. In der Mechanik ist der Begriff grundlegend, da er es ermöglicht, Bewegungen und Kräfte zu vereinfachen, indem nur der Ort und die Masse, nicht jedoch die Größe oder Form betrachtet werden.

23 *zu einer atomistischen Konstruktion der Materie:* Die klassische Mechanik kann nur mit festen Grundbausteinen und zeitlich unveränderlichen Kraftgesetzen arbeiten, weil sie innerhalb ihres Rahmens deren Änderung nicht erklären kann und Materie daher atomistisch konstruiert; alternativ lässt sie sich als Kontinuum, als Feldzustand oder rein effektiv über makroskopische Gesetze ohne Mikroteilchen deuten.

24 *auf induktivem Wege:* aus vielen einzelnen Beobachtungen bzw. Einzelfällen wird eine allgemeine Regel bzw. ein Gesetz abgeleitet.

25 *Hypotheses non fingo:* lat. für »Ich erdichte keine Hypothesen«.

26 *durch eine verhältnismässig geringe Anzahl von Konfigurations-Variabeln q … (z. B. Beschreibung der Konfiguration eines praktisch starren Körpers durch 6 Variable):* So verzichtete die Physik auf eine vollständige atomistische Detailbeschreibung und nahm stattdessen ein Modell an, das nur die relevanten makroskopischen Eigenschaften über wenige Konfigurations-Variablen berücksichtigt. Statt alle Teilchen eines Systems einzeln zu beschreiben, reduziert man das System auf eine kleine Anzahl an Variablen, die seine wesentliche Konfiguration erfassen. Dies war ein Ausweg aus der unpraktischen Konsequenz der Atomistik, die sonst unendlich viele Freiheitsgrade voraussetzen würde.

27 *nur eine approximative Bedeutung:* nur eine annäherungsweise Bedeutung.

28 *partielle Differentialgleichungen:* Gleichungen für Funktionen mit mehreren Variablen, in denen partielle Ableitungen vorkommen.

29 *der sogenannten »phänomenologischen« Physik an:* Die phänomenologische Physik beschreibt Naturerscheinungen auf der Basis von Beobachtung und Erfahrung, ohne Anspruch auf eine tiefere und einheitliche Erklärung durch grundlegende Prinzipien.

30 *Material-Konstanten:* stoffspezifische Kernwerte, die festlegen, wie ein Material auf äußere Einflüsse reagiert.

31 *Maxwell:* Der englische Physiker James Clerk Maxwell (1831–1879) stellte Elektrizität und Magnetismus als Feld-

theorie mit wenigen, anschaulich deutbaren Größen dar (Maxwell-Gleichungen) – für viele Zeitgenossen ein Musterbeispiel dafür, wie Physik aus Erfahrung systematisch formuliert werden könne.

32 *St. Mill:* Der britische Philosoph und Ökonom John Stuart Mill (1806–1873) vertrat einen empiristischen Induktivismus und zeigte mit seinen fünf Regeln (»Mill's methods«), wie man aus beobachteten Fällen Kausalzusammenhänge induktiv erschließt.

33 *E. Mach:* Ernst Mach betonte eine strikt erfahrungsbezogene Wissenschaft und verstand physikalische Begriffe als eine denkökonomische Ordnung von Erlebnissen und Sinnesdaten.

34 *die kinetische Gas-Theorie:* Die Theorie erklärt Druck und Temperatur von Gasen dadurch, dass sie aus vielen ständig bewegten Teilchen bestehen, deren Stöße und mittlere Bewegungsenergie die makroskopischen Eigenschaften bestimmen.

35 *Viskosität:* Zähflüssigkeit.

36 *Diffusion:* Verteilung.

37 *Radiometer-Erscheinungen der Gase:* Gemeint sind Bewegungen und Kräfte in stark verdünnten Gasen, die durch Temperaturunterschiede entstehen, weil diese thermische Strömungen und damit Druckunterschiede erzeugen, die auf die Oberflächen der Körper im Gas eine resultierende Kraft ausüben.

38 *eine mechanische Deutung der thermodynamischen Begriffe und Gesetze:* Darunter versteht man, dass thermodynamische Größen und Gesetze (z. B. Temperatur, Druck,

Entropie) auf die Bewegung und Wechselwirkung von Teilchen zurückgeführt werden, statt nur makroskopisch beschrieben zu bleiben.

39 *die Erkenntnis von der Grenze ... Gesetze der klassischen Wärmelehre:* Durch die mechanische (mikroskopische) Deutung wird klar, unter welchen Voraussetzungen die klassische Wärmelehre (als makroskopische Theorie) gilt – und wo sie versagt bzw. korrigiert werden muss, etwa bei stark verdünnten Gasen, Nichtgleichgewicht (z. B. bei Temperatur- oder Dichtegefällen mit Wärme- bzw. Stofffluss) und mikroskopisch kleinen Effekten.

§ 3. Der Feldbegriff.

1 *Korpuskulartheorie des Lichtes:* Die Theorie besagt, dass Licht aus Teilchen (Korpuskeln) besteht, die sich geradlinig ausbreiten und beim Auftreffen auf Materie, also z. B. auf Spiegel-, Glas- oder anderen Oberflächen, Wirkungen wie etwa Reflexion erklären.

2 *Huyghens' Undulationstheorie des Lichtes:* Die Theorie des niederländischen Physikers Christiaan Huygens (1626–1695) besagt, dass Licht eine Welle ist, deren Ausbreitung Phänomene wie Interferenz und Beugung erklärt.

3 *Die Huyghenssche ... durch kein bekanntes Phänomen nahegelegt wurde:* Die Wellentheorie erklärt die Ausbreitung des Lichts mithilfe der Zustandsänderung eines elastischen und unsichtbaren Mediums, des sogenannten Lichtäthers. In diesem pflanzen sich kugelförmige Wellen, die

durch lokale Störungen ausgelöst werden, mit endlicher Geschwindigkeit fort. Sichtbares Licht entsteht durch die Überlagerung dieser Wellen.

4 *zwischen ihm und der »ponderabeln« Materie:* Im Unterschied zu ponderabler oder wägbarer Materie sprach man in der Physik bei den Phänomenen des Lichts, der Elektrizität, des Magnetismus und der Wärme von Imponderabilien, also nicht wägbaren Fluida.

5 *war eine partielle Differentialgleichung, deren Zurückführung auf mechanische Elemente stets problematisch blieb:* Diese klassische Wellengleichung geht im Kern auf Jean-Baptiste le Rond d'Alembert (1717–1783) zurück und sie besagt, dass sich eine Störung (Auslenkung) in einem Medium als Welle mit konstanter Ausbreitungsgeschwindigkeit fortpflanzt und dabei in zwei entgegengesetzte Richtungen wandern kann.

6 *elektrodynamische Phänomene:* Gemeint sind hier vor allem Wirkungen der Elektrizität in Bewegung, also die Kraft- und Drehwirkungen zwischen elektrischen Strömen (z. B. zwischen stromdurchflossenen Leitern) sowie zwischen Strömen und Magneten, die es ermöglichten, magnetische Erscheinungen auf Ströme bzw. bewegte elektrische Ladungen zurückzuführen.

7 *Dieser Fortschritt musste … erkauft werden:* André-Marie Ampère (1775–1836) entwickelte eine erste Theorie für die Wechselwirkung zwischen elektrischen und magnetischen »Massen«, die er auf bewegliche elektrische Ladungen zurückführte. Seine Theorie orientierte sich am Newton'schen Gravitationsgesetz und wurde analog zu dem

von Charles Augustin de Coulomb (1736–1806) gefundenen Gesetz für die Kräfte zwischen ruhenden elektrischen Ladungen formuliert.

8 *Faradays:* Michael Faraday (1791–1867) war ein englischer Experimentalphysiker, der die elektromagnetische Induktion entdeckte, die Feldvorstellung in die Elektrodynamik einführte und Überlegungen zur Verbindung von Elektrizität, Magnetismus und Licht vorantrieb; zudem war er für seine öffentlichen Weihnachtsvorlesungen berühmt.

9 *Die Maxwell'schen Differentialgleichungen:* die vier Grundgleichungen der klassischen Elektrodynamik, die beschreiben, wie elektrische und magnetische Felder mit Ladungen und Strömen zusammenhängen und sich ausbreiten, einschließlich der Vorhersage elektromagnetischer Wellen (Licht).

10 *Stellen nicht verschwindender Divergenz des elektrischen Feldes:* Gemeint sind Orte, an denen das elektrische Feld ›Quellen‹ oder ›Senken‹ hat, also Bereiche, in denen elektrische Ladung vorhanden ist.

11 *durch mechanische Aethermodelle:* Basierend auf dem Modell der Kraftröhren von Faraday versuchte Maxwell mit einem mechanischen Äthermodell die wechselseitige Abhängigkeit von Elektrizität und Magnetismus darzustellen, siehe Maxwell 1861/62 /1898.

12 *Darstellung von Heinrich Hertz … im leeren Raum:* Der deutsche Physiker Heinrich Hertz (1857–1894) wies als Erster freie elektromagnetische Wellen experimentell nach. Damit bestätigte er die Maxwell'schen Feldgleichun-

gen und die elektromagnetische Theorie des Lichts, siehe Hertz 1892.

13 *H. A. Lorentz:* Der niederländische Physiker Hendrik Antoon Lorentz (1853–1928) prägte mit seiner Elektronentheorie, der Lorentz-Kraft und den Lorentz-Transformationen (siehe § 4, Anm. 6) die klassische Elektrodynamik und stand zugleich in engem, von großem gegenseitigem Respekt geprägtem Austausch mit Einstein.

14 *Hier schaffte H. A. Lorentz ... auf folgenden Grund-Hypothesen aufgebaut:* Lorentz 1895.

15 *ponderomotorischen Wirkungen:* mechanische Kraftwirkungen (Bewegung und Druck), die elektrische oder magnetische Felder auf materielle Körper ausüben.

16 *eine Singularität:* ein (physikalisch problematischer) Unendlichkeitspunkt.

§ 4. Die Relativitätstheorie.

1 *Die Hypothese von der Nichtexistenz eines perpetuum mobile als Grundlage für die Thermodynamik:* Dies bedeutet, dass die Thermodynamik als Grundannahme voraussetzt, dass es keine Maschine geben kann, die ohne Energiezufuhr dauerhaft Arbeit leistet (also keine vollständige Umwandlung von Wärme in Arbeit ohne Verluste bzw. keine ›Energie aus dem Nichts‹).

2 *Galileis Trägheitsprinzip:* Es besagt, dass ein Körper ohne äußere Kräfte in Ruhe bleibt oder sich geradlinig gleichförmig weiterbewegt.

3 *Von solcher Art … geführt hat:* Einstein bezeichnete sowohl die Thermodynamik als auch die spezielle und die allgemeine Relativitätstheorie als Prinzipientheorien, die von allgemeinen, beobachtbaren Gesetzmäßigkeiten ausgehen, und grenzte sie von konstruktiven Theorien wie der kinetischen Gastheorie ab, welche Phänomene aus anschaulichen Modellvorstellungen herleiten.

4 *Inertialsysteme:* Siehe § 2, Anm. 17.

5 *alle mechanischen und elektromagnetisch-optischen Erfahrungstatsachen:* Der von Faraday entdeckte Effekt der elektromagnetischen Induktion tritt unabhängig davon auf, ob sich Magnet oder Leiter bewegt, wurde in der Maxwell-Lorentz-Theorie jedoch unterschiedlich gedeutet. Dieses Problem führte Einstein zur Formulierung des speziellen Relativitätsprinzips, dem zufolge alle Naturgesetze in allen Inertialsystemen die gleiche Form haben sollten.

6 *sich gemäss der »Lorentz-Transformation« transformieren müssen:* Die auf Lorentz zurückgehenden Gleichungen beschreiben, wie Raum- und Zeitkoordinaten beim Übergang zwischen gegeneinander bewegten Inertialsystemen transformiert werden, so dass die Lichtgeschwindigkeit in allen Systemen konstant bleibt.

7 *die Invarianz:* die Unveränderbarkeit bei veränderbaren Bedingungen.

8 *charakterisiert ist (wenn man … gleich 1 wird):* Der Ausdruck des Linienelements oder Abstandsquadrats ist in der Differentialgeometrie und Relativitätstheorie eine fundamentale Größe, die festlegt, wie Abstände und Zeitintervalle in der vierdimensionalen Raumzeit gemessen werden.

9 *adaequate:* angemessene.

10 *Die Ausführung dieser Forderung bildet den Inhalt der speziellen Relativitätstheorie:* Siehe Einstein 1905c.

11 *auf einen Skalar:* Gemeint ist eine Größe nur mit Betrag, also eine einzelne Zahl ohne Richtung (z. B. Temperatur).

12 *Es ist auch in der Tat nicht schwer, eine solche aufzustellen … einer partiellen Differentialgleichung genügt:* Einstein bezieht sich hier auf Arbeiten des finnischen Physikers Gunnar Nordström (1881–1923), der zwischen 1912 und 1913 eine relativistische und skalare Gravitationstheorie entwickelte. »Skalar« bedeutet dabei, dass das Gravitationsfeld nicht durch einen Vektor oder Tensor beschrieben wird – wie etwa elektrische Felder oder später in Einsteins allgemeiner Relativitätstheorie –, sondern durch eine einzige skalare Größe, also eine Zahl, die jedem Punkt im Raum-Zeit-Kontinuum zugeordnet ist. Dieses Skalarfeld erfüllt eine partielle Differentialgleichung, vergleichbar mit der Poisson-Gleichung in Newtons Theorie.

13 *so geht deren Metrik … welche sowohl die metrischen Eigenschaften als auch das Gravitationsfeld des Raumes gegenüber dem neuen Koordinatensystem beschreiben:* Der verallgemeinerte Ausdruck des Linienelements oder Abstandsquadrats geht auf die von dem deutschen Mathematiker Bernhard Riemann (1826–1866) entwickelte Differentialgeometrie zurück und wird durch die Metrik $g_{\mu\nu}$ beschrieben, die als symmetrischer Tensor, also eine Matrix mit $g_{\mu\nu} = g_{\nu\mu}$, die geometrische Struktur der Raumzeit in einem nicht-euklidischen Koordinatensystem festlegt

und damit Gravitationseffekte in der allgemeinen Relativitätstheorie vermittelt.

14 *kovariant:* mittransformierend, im Unterschied zu »kontravariant«, also gegentransformierend.

15 *Postulat der allgemeinen Kovarianz:* Das Postulat der allgemeinen Kovarianz besagt, dass die Gesetze der Physik in allen Bezugssystemen dieselbe Form haben. Sie formulieren invariante Aussagen über die Struktur der Raumzeit. Dazu müssen die Koordinatentransformationen differenzierbar, umkehrbar und singularitätsfrei sein, damit die Raumzeit als glatte Mannigfaltigkeit beschreibbar bleibt. Allgemein kovariante Naturgesetze legen fest, ob Ereignisse kausal miteinander verknüpft sind, raumzeitlich zusammenfallen oder lokal nebeneinander auftreten.

16 *der geodätischen Linie:* die kürzeste (genauer: extremale) Verbindung zwischen zwei Punkten in einem gekrümmten Raum, also die »geradeste« mögliche Linie.

17 *erzeugten (zentralsymmetrischen) Gravitationsfelde … wie die zentrale Masse das Gravitationsfeld erzeugt:* Für diese Theorie eines statischen Gravitationsfeldes siehe Einstein 1912.

18 *eine Bedingungsgleichung besteht:* Die Feldgleichungen der Gravitation (Einstein 1915) verknüpfen die Krümmung der Raumzeit mit dem Energie- und Impulsgehalt der Materie. Ihre linke Seite ist so konstruiert, dass die Divergenz – ein Maß dafür, ob in einem Gebiet etwas zu- oder abfließt – identisch verschwindet, also überall Null wird. Damit ergibt sich auf der rechten Seite die Erhaltung von Energie

und Impuls, aus der die Bewegungsgleichungen der Materie folgen, also die Regeln für die Entwicklung von Dichte, Druck und Geschwindigkeit.

19 *Es bestehen dann zwischen all diesen Gleichungen hinreichend viele Differential-Identitäten ... was sich später als bedeutsam erwiesen hat:* Differential-Identitäten (wie die Bianchi-Identität) sichern die innere Konsistenz zwischen Einstein-Gleichungen und Maxwell-Gleichungen, indem sie Energie- und Ladungserhaltung garantieren. Die Wahl des Vorzeichens beim Energie-Impuls-Tensor hängt von Konventionen der Metrik, also von den gewählten Vorzeichen der Raumzeitmetrik (der ›Signatur‹) ab, wird aber letztlich durch die Forderung nach positiver Energiedichte festgelegt.

20 *die fünfdimensionale Theorie von Kaluza und Klein zu nennen:* Der deutsche Mathematiker Theodor Kaluza (1885–1954) schlug 1921 vor, Einsteins allgemeine Relativitätstheorie auf eine fünfdimensionale Raumzeit zu erweitern, aus der sich neben der Gravitation auch die Maxwell'schen Gleichungen ergeben. Der schwedische Physiker Oskar Klein (1894–1977) verfeinerte dies, indem er die fünfte Dimension als extrem klein und aufgerollt beschrieb – unsichtbar, aber mathematisch wirksam.

21 *Dies gilt auch von der projektiven Abart der Theorie ... ausgearbeitet worden ist:* Die projektive Variante der Kaluza-Klein-Theorie wurde in den 1930er Jahren von dem niederländischen Mathematiker David van Dantzig (1900–1959) und dem deutschen Physiker Wolfgang Pauli (1900–1958) entwickelt: Sie deutet die fünfte Dimension

nicht als realen Raum, sondern als Ausdruck der projektiven Geometrie, wodurch Gravitation und Elektromagnetismus in einer einheitlichen Struktur erscheinen.

22 *Auch hier führt der Versuch ... deren Prüfung an der Erfahrung keine anderen als allerdings bedeutende rein mathematische Schwierigkeiten entgegenstehen:* Einstein arbeitete in den 1930er Jahren mit dem amerikanisch-israelischen Physiker Nathan Rosen (1909–1995) an einer singularitätsfreien Feldtheorie, in der Teilchen nicht als Punkte mit unendlichen Werten, sondern als reine Feldkonfigurationen beschrieben werden sollten. Grundlage dafür waren die klassischen zentralsymmetrischen Lösungen: die Lösung von dem deutschen Astronomen Karl Schwarzschild (1873–1916) für das reine Gravitationsfeld und die von dem deutschen Physiker Hans Reissner (1874–1967) für ein geladenes Feld mit Gravitation. Durch deren Kombination hofften Einstein und Rosen, eine konsistente Feldtheorie der Materie zu gewinnen – ein zwar nicht erfolgreicher, aber wegweisender Ansatz, der in die Einstein-Rosen-Brücke (einem frühen Konzept von Wurmlöchern) führte (vgl. Einstein/Rosen 1935).

§5. Quantentheorie und Fundament der Physik.

1 ∞: die »liegende Acht« ist das mathematische Zeichen für Unendlichkeit.

2 *... stets von der Planckschen Konstante h abhängig waren:* Die von Max Planck (1858–1947) im Jahr 1900 aufgestellte

Strahlungsformel beschreibt die spektrale Energieverteilung der Wärmestrahlung eines schwarzen Körpers und beseitigte die sogenannte Ultraviolett-Katastrophe, also das Problem, dass die klassische Physik im Bereich kurzer Wellenlängen eine unendliche Strahlungsenergie vorhersagte. Durch die Einführung der Energiequantelung stimmte die Formel mit den experimentell ermittelten Werten überein und bildete damit den Grundstein für die Entwicklung der Quantentheorie.

3 *Auch für die Theorie des Atoms (Bohrsche Theorie) war diese Auffassung wesentlich:* Das im Jahr 1913 von dem dänischen Physiker Niels Bohr (1885–1962) aufgestellte Atommodell beschreibt Elektronen als auf festen, quantisierten Bahnen um den Atomkern kreisend, wobei sie nur beim Übergang zwischen diesen Bahnen Energie in Form von Strahlung aufnehmen oder abgeben.

4 *ohne Emission bezw. Absorption:* ohne Abgabe bzw. Aufnahme.

5 *zwei scheinbar gänzlich verschiedene theoretische Methoden… wurde dann bald von Schrödinger erkannt:* Gemeint sind die Matrizenmechanik, begründet durch den deutschen Physiker Werner Heisenberg (1901–1976) und den britischen Physiker Paul Dirac (1902–1984), sowie die Wellenmechanik, formuliert von dem französischen Physiker Louis de Broglie (1892–1987) und dem österreichischen Physiker Erwin Schrödinger (1887–1961).

6 *eine diskrete Folge:* eine abzählbare Reihe einzelner Werte, die nacheinander auftreten, statt stetig zu verlaufen.

7 *nämlich die der sinusartig periodischen Lösungen:* also

solche, die sinusförmig verlaufen und sich regelmäßig mit einer festen Periode wiederholen.

8 *Schrödinger stellte sich dementsprechend die Aufgabe... wirklich in befriedigender Weise aus den periodischen Lösungen der Gleichung sich ergaben:* Die Schrödinger-Gleichung bildet das Herzstück einer deterministischen Wellentheorie, in der sich die Entwicklung des quantenmechanischen Zustandes eines physikalischen Systems eindeutig durch die Wellenfunktion ψ beschreiben lässt und deren periodische Lösungen, also sinusartig schwingende, sich regelmäßig wiederholende Wellenlösungen (stationäre Eigenzustände), die quantisierten Energiewerte liefern (vgl. Schrödinger 1926).

9 *die Schrödinger-Gleichung bestimmt die Aenderung der Funktion ψ der q_r mit der Zeit:* Nachdem die Wellenfunktion nicht direkt als eine Art »mechanische Bahn« (Trajektorie) gedeutet werden konnte, entwickelte der deutsche Physiker Max Born (1882–1970) die Wahrscheinlichkeitsinterpretation der Wellenfunktion. Sie besagt, dass die Wellenfunktion keine konkrete Teilchenbahn beschreibt, sondern dass ihr Betragsquadrat die Aufenthaltswahrscheinlichkeit eines Teilchens angibt (vgl. Born 1926).

10 *approximieren:* annähern (einen Wert oder eine Funktion nur näherungsweise bestimmen).

11 *Dann kann man nämlich folgendes dartun ... durch die Gleichungen der klassischen Mechanik gefordert wird:* Einstein beschreibt hier im Kern die klassische Näherung der Quantenmechanik, also die Annäherung der quantenmechanischen Beschreibung an das klassische, punktförmig-

teilchenartige Bahnbild der Newton'schen Mechanik. Ist die Wellenlänge eines Materieteilchens im Vergleich zu den charakteristischen Längenskalen des Potentials sehr klein, ›verschmiert‹ die Wellenfunktion ψ nicht über den gesamten Konfigurationsraum (den Raum aller möglichen Positionen des Systems), sondern bleibt in einem Gebiet G_0 lokalisiert. Dieses Gebiet bewegt sich dann unter der Schrödinger-Dynamik so, dass man seine Entwicklung näherungsweise wie die Bahn eines einzelnen Punktes auffassen kann. In diesem Grenzfall geht die Quantenmechanik in die klassische Mechanik über, d. h. in eine Beschreibung durch deterministische Trajektorien, wie sie die Newton'sche Punktmechanik fordert.

12 *mit den Elektronenstoss-Versuchen, wie sie zuerst von J. Franck und G. Hertz ... Millikans Nachweis von der diskreten Natur der Elektrizität zuhilfe nimmt:* Die deutschen Physiker James Franck (1882–1964) und Gustav Hertz (1887–1975) wiesen 1914 nach, dass Atome nur in diskreten Energieniveaus angeregt werden. Der Amerikaner Robert Millikan (1868–1953) zeigte mit seinem Öltröpfchen-Experiment (1909–1911) die Quantisierung der Ladung und bestätigte später Einsteins Lichtquantenhypothese (die besagt, dass Licht nicht kontinuierlich, sondern in einzelnen Energiepaketen aufgenommen und abgegeben wird, deren jeweilige Energie von der Frequenz abhängt). Beide Arbeiten belegten, dass die Energieübertragung ausschließlich in diskreten Quanten erfolgt.

13 *die Born'sche statistische Deutung der Aussagen der Quantentheorie:* sie besagt, dass das Quadrat der Wellenfunk-

tion die Wahrscheinlichkeitsverteilung für Messergebnisse (z. B. den Aufenthaltsort eines Teilchens) angibt.

14 *Die Schrödinger-Gleichung … auf das Einzel-System:* Einstein schließt aus den Experimenten von Franck/Hertz und Millikan, dass die ψ-Funktion keinen individuellen Zustand beschreibt, sondern nur Wahrscheinlichkeiten für diskrete Energiewerte angibt. Da es keine Zwischenzustände gibt, ist die Superposition $\psi = \Sigma c_r \psi_r$ kein Zwischenenergie-Zustand, sondern Ausdruck der ›Ensemble-Interpretation‹ der Quantenmechanik: ψ charakterisiert die statistische Verteilung vieler Systeme, nicht ein einzelnes.

15 *jüngst dargestellte Paradoxie, die sich auf folgenden Fall bezieht:* Die Paradoxie, auf die sich Albert Einstein, Boris Podolsky (1896–1966) und Nathan Rosen in ihrem Gedankenexperiment beziehen, wird die EPR-Paradoxie genannt (nach den Anfangsbuchstaben ihrer Nachnamen). Sie thematisiert die Frage, ob die Quantenmechanik eine vollständige Theorie ist, da verschränkte Systeme scheinbar »spukhafte Fernwirkungen« (Albert Einstein an Max Born, 3. März 1947. In: Einstein/Born 2005, S. 255) zulassen und damit gegen das Prinzip der lokalen Realität zu verstoßen scheinen (vgl. Einstein/Podolsky/Rosen 1935/1984).

16 *dank der wunderbaren Erfindungen der Wilson-Kammer und des Geiger-Zählers:* Die von dem schottischen Physiker Charles Wilson (1869–1959) erfundene Nebelkammer macht geladene Teilchen durch Kondensationsspuren im übersättigten Dampf sichtbar. Der nach dem deutschen Physiker Hans Geiger (1882–1945) benannte Geiger-Zähler registriert ionisierende Strahlung, indem er kurze elektri-

sche Entladungen in einem gasgefüllten Rohr als Klicks erfasst.

17 *dem Postulat:* grundlegende Annahme, die ohne Beweis als Ausgangspunkt einer Theorie festgesetzt wird.

§ 6. Relativitätstheorie und Korpuskeln.

1 *zusammen mit Herrn Rosen an anderer Stelle ausführlich dargelegt habe:* Vgl. Einstein/Rosen 1935.

2 *Das Gravitationsfeld wird durch den Tensor ..., deren linke Seiten ganze rationale Funktionen der g_{ik} und ihrer Ableitungen sind:* Ein Tensor beschreibt physikalische Größen unabhängig vom gewählten Koordinatensystem. Größen heißen dabei kovariant, wenn sie sich wie die Koordinaten verändern, und heißen kontravariant, wenn sie sich entgegengesetzt ändern. Die nach dem deutschen Mathematiker Elwin Bruno Christoffel (1829–1900) benannten Symbole $\Gamma_{\mu\nu}{}^{\sigma}$ erfassen die ›Verbiegung‹ der Koordinatenachsen in der gekrümmten Raumzeit. Der Ricci-Tensor R_{ik}, benannt nach dem italienischen Mathematiker Gregorio Ricci-Curbastro (1853–1925), fasst bestimmte Krümmungsanteile zusammen und spielt eine zentrale Rolle in den Feldgleichungen der Relativitätstheorie. Die Determinante der Metrik $g_{\mu\nu}$ gibt an, ob das System mathematisch wohldefiniert ist; verschwindet sie, brechen die Berechnungen normalerweise zusammen. Einsteins Umformulierung der Gleichungen vermeidet dies, da sie ohne Division durch die Determinante auskommt.

3 *Die Schwarzschildsche Lösung … welches singularitätsfrei beschrieben ist:* Die Schwarzschild-Lösung, die klassisch eine Singularität bei $r = 0$ aufweist, wird durch Einsteins Umformulierung der Feldgleichungen zu einer regulären Lösung. Anstelle eines Punktes, an dem die Physik zusammenbricht, ergeben sich zwei identische Raumregionen (»Schalen«), die an der Fläche $r = 2m$ miteinander verbunden sind. Diese sogenannte Brücke ermöglicht es, ein »Teilchen« ohne innere Singularität als rein geometrische Struktur der Raumzeit zu beschreiben.

Zusammenfassung.

1 *ihr Korrelat:* ihre Entsprechung.

Literaturhinweise

Born, Max: Zur Quantenmechanik der Stoßvorgänge. In: Zeitschrift für Physik Bd. 37 (1926) Nr. 12. S. 863–867.

Carnap, Rudolf: Der Logische Aufbau der Welt. Berlin-Schlachtensee: Weltkreis-Verlag, 1928.

CPAE: The Collected Papers of Albert Einstein. Princeton/NJ: Princeton University Press, 1987 ff.

Descartes, René: Discours de le Méthode pour bien conduire sa Raison, et chercher la Vérité dans les Sciences. Plus La Dioptrique, Le Météores, et La Géométrie. Qui sont des Essais da cette Méthode. Leiden: Maire, 1637. Dt.: Entwurf der Methode. Mit der Dioptrik, den Meteoren und der Geometrie. Übers. und hrsg. von Christian Wohlers. Hamburg: Felix Meiner Verlag, 2013.

Duhem, Pierre: Ziel und Struktur der physikalischen Theorien. Übersetzt von Friedrich Adler. Mit einem Vorw. von Ernst Mach. Leipzig: Verlag von Johann Ambrosius Barth, 1908.

Einstein, Albert: Über einen die Erzeugung und Verwandlung des Lichtes betreffenden heuristischen Gesichtspunkt. In: Annalen der Physik 17 (1905a) S. 132–148 (= CPAE 2, Doc. 14).

– Über die von der molekularkinetischen Theorie der Wärme geforderte Bewegung von in ruhenden Flüssigkeiten suspendirten Teilchen. In: Annalen der Physik 17 (1905b) S. 549–560 (= CPAE 2, Doc. 16).

– Zur Elektrodynamik bewegter Körper. In: Annalen der Physik 17 (1905c) S. 891–921 (= CPAE 2, Doc. 23).

– Ist die Trägheit eines Körpers von seinem Energiegehalt abhängig? In: Annalen der Physik 18 (1905d) S. 639–641 (= CPAE 2, Doc. 24).
– Zur Theorie des statischen Gravitationsfeldes. In: Annalen der Physik 38 (1912) S. 443–458 (= CPAE 4, Doc. 4).
– Die Feldgleichungen der Gravitation. In: Königlich Preußische Akademie der Wissenschaften (Berlin), Sitzungsberichte (1915) S. 844–847 (= CPAE 6, Doc. 25).
– Die Grundlage der allgemeinen Relativitätstheorie. In: Annalen der Physik 49 (1916) S. 769–822 (= CPAE 6, Doc. 30).
– Prinzipielles zur allgemeinen Relativitätstheorie. In: Annalen der Physik 55 (1918) S. 241–244 (= CPAE 7, Doc. 4).
– Was ist Relativitäts-Theorie? (1919) In: A. E.: Mein Weltbild. Amsterdam: Querido Verlag, 1934. S. 220–228 (= CPAE 7, Doc. 25).
– Geometrie und Erfahrung. Erweiterte Fassung des Festvortrages gehalten an der Preussischen Akademie der Wissenschaften zu Berlin am 27. Januar 1921. Berlin: Verlag von Julius Springer, 1921 (= CPAE 7, Doc. 52).
– Zur Methode der theoretischen Physik. In: A. E.: Mein Weltbild. Amsterdam: Querido Verlag, 1934. S. 176–187.
– Considerations Concerning the Fundaments of Theoretical Physics. In: Science, New Series 91 (24. Mai 1940) Nr. 2369. S. 487–492. Dt.: Das Fundament der Erkenntnis. In: Aus meinen späten Jahren. Frankfurt a. M. / Berlin: Ullstein, [4]1993, S. 106–121. (Eine gekürzte Fassung des englischen Artikels erschien am 15. Juni 1940 in: Nature, Vol. 145, S. 920–924.)
– Autobiographisches (1946). In: Albert Einstein als Philo-

soph und Naturforscher. Hrsg. von Paul Arthur Schilpp. Braunschweig/Wiesbaden: Vieweg, 1979. S. 1–35.

– / Born, Max: Briefwechsel 1916–1955. Mit einem Geleitwort von Bertrand Russell und einem Vorw. von Werner Heisenberg. München: Langen Müller, [3]2005.

Einstein, Albert / Podolsky, Boris / Rosen, Nathan: Can Quantum-mechanical Description of Physical Reality be Considered Complete? In: Physical Review 47 (1935) S. 777–780. Dt.: Kann man die quantenmechanische Beschreibung der physikalischen Wirklichkeit als vollständig betrachten? In: Kurt Baumann / Roman U. Sexl (Hrsg.): Die Deutungen der Quantentheorie. Braunschweig/Wiesbaden: Friedrich Vieweg & Sohn, 1984. S. 80–86.

Einstein, Albert / Rosen, Nathan: The Particle Problem in the General Theory of Relativity. In: Physical Review 48 (1935) S. 73–77.

Hertz, Heinrich: Untersuchungen über die Ausbreitung der elektrischen Kraft. Leipzig: Johann Ambrosius Barth, 1892.

Janssen, Michel / Renn, Jürgen: How Einstein Found His Field Equations. Sources and Interpretation. Cham: Birkhäuser, 2022.

Kuhn, Thomas S.: The Structure of Scientific Revolutions. Chicago: The University of Chicago Press, 1962. Dt.: Die Struktur wissenschaftlicher Revolutionen. Zweite rev. und um das Postskriptum von 1969 erg. Aufl. Frankfurt a. M.: Suhrkamp, 1976.

Lorentz, Hendrik Antoon: Versuch einer Theorie der electrischen und optischen Erscheinungen in bewegten Körpern. Leiden: E. J. Brill, 1895.

Mach, Ernst: Die Mechanik in ihrer Entwickelung. Historisch-kritisch dargestellt. Leipzig: F. A. Brockhaus, 1883.

– Die Analyse der Empfindungen und das Verhältniss des Physischen zum Psychischen. Dritte verm. Aufl. Jena: Verlag von Gustav Fischer, 1902.

– Die Leitgedanken meiner naturwissenschaftlichen Erkenntnislehre und ihre Aufnahme durch die Zeitgenossen. In: Scientia. Rivista di Scienza 7 (1910) Jg. 4, S. 225–240

Maxwell, James Clerk: Ueber physikalische Kraftlinien (1861/62). Hrsg. von Ludwig Boltzmann. Mit 12 Figuren im Text (= Ostwald's Klassiker der exakten Wissenschaften, Nr. 102). Leipzig: Wilhelm Engelmann, 1898.

Newton, Isaac: Philosophiæ Naturalis Principia Mathematica. Londini: Jussu Societatis Regiæ ac Typis Josephi Streater, Prostat apud plures Bibliopolas, 1687. Dt.: Mathematische Prinzipien der Naturlehre. Mit Bemerkungen und Erläuterungen hrsg. von J. P. Wolfers. Darmstadt: Wissenschaftliche Buchgesellschaft, 1963.

Poincaré, Henri: La science et l'hypothèse. Paris: Ernest Flammarion, 1902. Dt.: Wissenschaft und Hypothese. Autorisierte deutsche Ausg. mit erl. Anm. von Ferdinand und Lisbeth Lindemann. Leipzig: Druck und Verlag von B. G. Teubner, 1904.

Popper, Karl R.: Logik der Forschung. Zur Erkenntnistheorie der modernen Naturwissenschaft (= Schriften zur wissenschaftlichen Weltauffassung, Bd. 9, hrsg. von Philipp Frank und Moritz Schlick). Wien: Springer-Verlag, 1935.

– The Logic of Scientific Discovery, London: Hutchison, 1959. Dt.: Logik der Forschung. Zur Erkenntnistheorie der modernen Naturwissenschaft. Zehnte, verb. und verm. Aufl. Tübingen: J. C. B. Mohr (Paul Siebeck), 1994.

Reichenbach, Hans: Experience and Prediction. An Analysis of the Foundations and the Structure of Knowledge. Chicago: University of Chicago Press, 1938. Dt.: Erfahrung und Prognose. Eine Analyse der Grundlagen und der Struktur der Erkenntnis (= Hans Reichenbach Gesammelte Werke in 9 Bänden, hrsg. von Andreas Kamlah und Maria Reichenbach, Bd. 4). Braunschweig/Wiesbaden: Friedrich Vieweg & Sohn, 1983.

Renn, Jürgen: Auf den Schultern von Riesen und Zwergen. Einsteins unvollendete Revolution. Weinheim: Wiley-VCH, 2006.

– Boltzmann und das Ende des mechanistischen Weltbildes. Wien: Picus Verlag, 2007.

Schlick, Moritz: Sind die Naturgesetze Konventionen? In: Actes du Congrès International de Philosophie Scientifique, Sorbonne, Paris 1935, fasc. 4: Induction et probabilité (= Actualités scientifiques et industrielles, vol. 391). Paris: Hermann, 1936a. S. 8–17. Wiederabgedruckt in: M. S.: Texte zur Quantentheorie. Eingel., komm. und hrsg. von Fynn Ole Engler. Hamburg: Felix Meiner Verlag, 2021. S. 103–114.

– Quantentheorie und Erkennbarkeit der Natur. In: Erkenntnis 6 (1936b) S. 317–326. Wiederabgedruckt in: M. S.: Texte zur Quantentheorie. Eingel., komm. und hrsg. von Fynn Ole Engler. Hamburg: Felix Meiner Verlag, 2021. S. 130–141.

Schrödinger, Erwin: Quantisierung als Eigenwertproblem. In: Annalen der Physik 79 (1926) S. 361–376, 489–527; 80 (1926) S. 437–490 und 81 (1926) S. 109–139.

Stachel, John (Hrsg.): Einsteins Annus mirabilis. Fünf Schriften, die die Welt der Physik revolutionierten. Mit Vorw. von Roger Penrose und Jürgen Ehlers. Reinbek bei Hamburg: Rowohlt, 2001.

Wissenschaft und Realismus: Der Physiker-Philosoph Albert Einstein

1. Ein irdisches Paradies

Der am 14. März 1879 in Ulm geborene Albert Einstein entwickelte schon früh ein starkes Interesse an dem Verhältnis von Physik und Philosophie. Während seiner Schulzeit am Münchner König-Luitpold-Gymnasium, das er ab Oktober 1888 besuchte, war es neben seinem Onkel Jakob vor allem der Medizinstudent Max Talmud (1869–1941) – ein orthodoxer Jude polnischer Herkunft und häufiger Gast der Familie –, der Einsteins Neugier für die grundlegenden Fragen der naturwissenschaftlichen Erkenntnis weckte und mit ihm über diese Fragen diskutierte.

In der Folge beschäftigte sich der junge Einstein mit der Philosophie Immanuel Kants (1724–1804), las die *Naturwissenschaftlichen Volkbücher* von Aaron Bernstein (1812–1884) und machte sich mit einigen Klassikern der Physik vertraut. Vor allem jedoch trieb ihn der eigene Wunsch an, die Geheimnisse der Natur zu ergründen.

Über die Motive, die ihn am Anfang seines Forscherlebens bewegten und fortan begleiteten, schrieb er 1946 in seiner Autobiographie:

Da gab es draußen diese große Welt, die unabhängig von uns Menschen da ist und vor uns steht wie ein großes, ewiges Rätsel, wenigstens teilweise zugänglich unserem Schauen und Denken. Ihre Betrachtung wirkte als eine Befreiung, und ich merkte bald, daß so mancher, den ich schätzen und bewundern gelernt hatte, in der hingegebenen Beschäftigung mit ihr innere Freiheit und Sicherheit gefunden hatte. Das gedankliche Erfassen dieser außerpersönlichen Welt im Rahmen der uns gebotenen Möglichkeiten schwebte mir halb bewußt, halb unbewußt als höchstes Ziel vor. [...] Der Weg zu diesem Paradies war nicht so bequem und lockend wie der Weg zum religiösen Paradies; aber er hat sich als zuverlässig erwiesen, und ich habe es nie bedauert, ihn gewählt zu haben.[1]

Mit seiner Wahl zum jüngsten ordentlichen Mitglied der Königlich Preußischen Akademie der Wissenschaften und seinem Umzug nach Berlin im April 1914 (zuvor hatte Einstein in Bern, Zürich und Prag gewirkt) sah er einen lang gehegten Traum erfüllt: Dieser Tempel der Wissenschaft bot ihm alle Möglichkeiten. An seinen Vertrauten, den Pathologen Heinrich Zangger (1874–1957) schrieb er nach Zürich:

1 Einstein 1946/1979, S. 2.

> Das Leben hier gefällt mir sehr gut, ich muss es gestehen. Was man da an Tüchtigkeit und glühendem Interesse für Wissenschaft findet! Ich bin immer wieder bezaubert vom Kolloquium und der phys[ikalischen]. Gesellschaft.[2]

Seine Berufung nach Berlin verdankte Einstein den bahnbrechenden Ergebnissen seines Wunderjahrs 1905, in dem er neben seiner Dissertation vier Artikel verfasste, die unser Verständnis von Raum, Zeit und Materie revolutionierten.

In der ersten Arbeit, für die er 1922 den Nobelpreis erhielt, formulierte er die kühne Hypothese der Quantennatur des Lichts, mit der sich zahlreiche Phänomene erklären ließen.

Die zweite Publikation lieferte den Nachweis für die Existenz von Atomen. Mit der speziellen Relativitätstheorie, die er im dritten Artikel entwickelte, zeigte er, dass es vom Bewegungszustand eines Beobachters abhängt, ob zwei voneinander entfernte Ereignisse gleichzeitig stattfinden.

Schließlich brachte er im vierten Aufsatz gegen Ende des Jahres den Zusammenhang zwischen Energie und

2 Albert Einstein an Heinrich Zangger, 27. Juni 1914, in: CPAE 10, Vol. 8, Doc. 16a.

Masse in die wohl berühmteste Formel der Physikgeschichte: $E = mc^2$.[3]

In Berlin arbeitete Einstein an einer Verallgemeinerung der Relativitätstheorie. Seit 1907 verfolgte er das Ziel, eine relativistische Gravitationstheorie zu entwerfen. Grundlage dafür war das Äquivalenzprinzip, das besagt, dass sich zumindest lokal ein Gravitationsfeld durch ein Beschleunigungsfeld ersetzen lässt. »Trägheit und Schwere«, so Einstein, »sind wesensgleich.«[4] In der unmittelbaren Umgebung eines frei fallenden Beobachters existiert daher kein Gravitationsfeld.

Nach jahrelangem Ringen formulierte Einstein Ende November 1915 die endgültigen Feldgleichungen seiner relativistischen Gravitationstheorie. In diesen sind die Wesensgleichheit von Trägheit und Gravitation sowie die raumzeitliche Geometrie durch ein und dasselbe Feld erfasst.[5] Damit hatte Einstein den Höhepunkt seiner Karriere erreicht.

Weltberühmt wurde er jedoch erst 1919, als bei der Beobachtung der totalen Sonnenfinsternis am 29. Mai die von seiner Theorie vorhergesagte Ablenkung des

3 Einsteins Dissertation und die vier Artikel sind abgedruckt in: Stachel 2001.

4 Einstein 1918, S. 241.

5 Eine detaillierte Rekonstruktion von Einsteins mühsamem Weg zur relativistischen Gravitationstheorie findet sich in: Janssen/Renn 2022.

Lichts entfernter Sterne im Schwerefeld der Sonne spektakulär bestätigt wurde. Einsteins neue Gravitationstheorie feierte damit einen Triumph über die bis dahin gültige Theorie von Isaac Newton (1643–1727).

In den 1920er Jahren galt Einstein als kosmopolitischer Botschafter der Wissenschaft. Mit seinen Vortragsreisen rund um den Globus erregte er Bewunderung und Aufsehen. Als kultureller Vermittler und leidenschaftlicher Verteidiger der Weimarer Republik geriet er jedoch ins Visier nationalistischer Kreise, die ihn verunglimpften und sogar nach seinem Leben trachteten.

Nach Hitlers Machtübernahme am 30. Januar 1933 kam Einstein einem Ausschluss aus der Akademie zuvor, indem er selbst seinen Austritt erklärte – ein Schritt, der nichts weniger bedeutete als die endgültige Vertreibung aus seinem irdischen Paradies.

Im amerikanischen Exil, wo er bis zu seinem Tod am 18. April 1955 in Princeton lebte, widmete er sich vor allem der Aufgabe, eine einheitliche Feldtheorie zu entwickeln.

Zugleich äußerte er sich – wie schon zuvor – immer wieder zu den methodischen Grundlagen der Wissenschaft und zu ihrem nicht selten umstrittenen Erkenntnisanspruch.[6]

6 Siehe Einstein 1921, 1934.

2. Einstein liest Popper

»Ihr Buch hat mir in vieler Hinsicht sehr gefallen: Ablehnung der ›induktiven Methode‹ vom erkenntnistheoretischen Standpunkte. Auch die Falsifizierbarkeit als entscheidende Eigenschaft einer (Wirklichkeits)-Theorie«. So heißt es in einem Brief Einsteins vom 15. Juni 1935 an den jungen Wissenschaftstheoretiker Karl R. Popper (1902–1994).[7] Dessen Werk *Logik der Forschung* hatte er kurz nach Erscheinen im Herbst 1934 gelesen.

Zu dieser Zeit beschäftigte sich Einstein intensiv mit den philosophischen Grundlagen der Physik, um Antworten auf die durch die Quantenmechanik aufgeworfenen Fragen nach der Erkennbarkeit der Realität und den Möglichkeiten physikalischer Forschung zu finden. Insbesondere die sogenannte Kopenhagener Deutung, entwickelt von einer Gruppe um den dänischen Physiker Niels Bohr (1885–1962), erschien ihm zu stark vom Positivismus geprägt. Eine ähnlich kritische Haltung vertrat auch Popper, indem er dem einflussreichen Wiener Kreis um Moritz Schlick (1882–1936) eben diesen Positivismus vorwarf.

Schlick war seit den 1910er Jahren zu einem der

7 Albert Einstein an Karl Popper, 15. Juni 1935, Universitätsbibliothek Klagenfurt: Signatur PA 372.

wichtigsten Naturphilosophen aufgestiegen. Mit einer Reihe von Arbeiten zur Relativitätstheorie avancierte er zu Einsteins Hausphilosophen.

Nach seinem Wechsel nach Wien im Jahr 1922 gab er jedoch unter dem Einfluss von Ludwig Wittgenstein (1889–1951) seinen zuvor vertretenen Realismus zugunsten einer eher pragmatischen und positivistischen Position auf. Dadurch kühlte das Verhältnis zu Einstein merklich ab, zumal sich Schlick auch deutlich zur Kopenhagener Deutung bekannte.[8]

In dieser Situation dürfte Einstein in Popper einen neuen geistigen Verbündeten erkannt haben:

Beide stimmten darin überein, dass die Wissenschaft nicht induktiv fortschreitet: Aus einzelnen Erfahrungen bzw. messbaren Beobachtungen in einem Experiment lassen sich keine verallgemeinerbaren und sicheren Aussagen über die Natur ableiten. »Es gibt keine induktive Methode«, so Einstein in *Physik und Realität*, »welche zu den Grundbegriffen der Physik führen könnte.«[9] Begriffe müssten vielmehr durch schöpferische Kreativität entstehen – eine Auffassung, die Popper prinzipiell teilte.

Ebenso waren sich beide darüber einig, dass in der Physik fortwährend Hypothesen über den strukturel-

8 Schlick 1936b/2021.
9 Siehe diese Ausgabe, S. 38.

len Aufbau einer erkennbaren Welt aufgestellt würden, die letztlich an der Erfahrung geprüft werden müssten und dabei auch scheitern könnten.

Neben diesen Übereinstimmungen bestanden jedoch auch erhebliche Differenzen zwischen ihren Auffassungen:

Zwar lehnte Einstein die Induktion ab, doch hob er die Bedeutung verallgemeinerbarer Erfahrungen hervor, die uns intuitiv auf grundlegende Prinzipien der Naturvorgänge verweisen und denen physikalische Theorien genügen müssen. Er versuchte damit, den Prozess der Theorienkonstruktion zu erhellen, der für Popper im Dunkeln blieb.

Während Einstein die wissenschaftliche Kreativität eng an die alltägliche Erfahrung zurückband, ließ Popper ihr völlige Freiheit.

Um die Bedeutung der Erfahrungsgrundlage für die Entwicklung der physikalischen Theoriebildung zu betonen, knüpfte Einstein an das Werk des österreichischen Sinnesphysiologen und Physikers Ernst Mach (1838–1916) an. Dabei zeigte sich für Einstein die Entfernung einer Theorie von der unmittelbaren sinnlichen Erfahrung darin, in welchem Maße ihre Begriffe und Prinzipien an Allgemeinheit und Einheitlichkeit gewannen. In diesem Zusammenhang spricht er von einem Schichtenmodell des wissenschaftlichen Systems, das erfahrungsnahe von erfahrungsfernen Ebenen unterscheidet.[10]

Mit der historischen Entwicklung der Physik entfernte sich ihre Theoriebildung zwar zunehmend von der Anschaulichkeit der unmittelbaren Erlebniswelt, blieb nach Einsteins Überzeugung jedoch stets mit ihr verbunden. Sein Wissenschaftsverständnis lässt sich daher als eine spannungsreiche Synthese zwischen Rationalismus und Sensualismus, also zwischen der Vernunft als Quelle freier Begriffskonstruktion und den Sinnen als Erfahrungsgrundlage, begreifen.

Die verbindende Grundlage zwischen diesen beiden Polen bildete Einsteins realistische Haltung, die nicht nur sein Verständnis der langfristigen Entwicklung physikalischer Theorien bestimmte, sondern auch seinen Bemühungen zugrunde lag, die Widersprüche der klassischen Physik zu überwinden.

3. Teilchen und Felder

Als Einstein 1896 sein Studium zum Fachlehrer für Mathematik und Physik am Zürcher Polytechnikum, der späteren Eidgenössischen Technischen Hochschule,

10 Siehe diese Ausgabe, S. 13–16.

begann, schien die Physik an einem Endpunkt ihrer Entwicklung angelangt zu sein. Trotz ihrer großen Erfolge war sie jedoch von inneren Spannungen geprägt: Zwischen ihren Teildisziplinen – der Mechanik, der Thermodynamik und der Elektrodynamik – bestanden erhebliche Widersprüche in den fundamentalen Begriffen und grundlegenden Erklärungsansätzen.[11]

Ausgehend von dieser Konstellation bestehen bis heute zwei konkurrierende Theorieansätze: der teilchentheoretische und der feldtheoretische Ansatz:

In der Teilchenauffassung wirken punktförmige Teilchen als Kraftzentren mit abstandsabhängigen Fernwirkungen aufeinander – so, wie es in der Gravitation nach Newton gedacht war.

Der Feldbegriff lässt sich jedoch nicht mit der Existenz solcher Kraftzentren vereinbaren, da er die räumliche Verteilung physikalischer Größen wie elektrischer oder magnetischer Feldstärken beschreibt, deren Dynamik durch Feldgleichungen bestimmt wird.

Gegen Ende des 19. Jahrhunderts vereinten die Maxwell'schen Gleichungen Optik und Elektromagnetismus und bildeten den krönenden Abschluss der klassischen Physik. Gleichwohl stand diese elektrodynamische Feldtheorie mit ihren Nahwirkungen der

11 Siehe dazu Renn 2006.

Gravitation als Fernwirkung zwischen Kraftzentren gegenüber. Beides galt es miteinander zu vereinen.

Eine zentrale Rolle spielte außerdem der Äther, der als Träger aller elektromagnetischen Phänomene, einschließlich des Lichts, galt. Über seine Beschaffenheit existierten unterschiedliche mechanische Modelle, die jedoch miteinander konkurrierten und die theoretische Unsicherheit noch verstärkten.

Schließlich traten weitere Konflikte mit dem Aufkommen der kinetischen Gastheorie hinzu, die Druck und Temperatur durch die statistisch erfassbaren Bewegungen und Stöße unsichtbarer Teilchen erklärte, während die klassische Thermodynamik weiterhin rein phänomenologisch mit kontinuierlichen Größen wie Wärme und Entropie (also einem Maß für Unordnung) arbeitete.

Doch welche Ansätze zur Lösung dieser Widersprüche gab es bereits vor Einstein? Und auf wen konnte er sich hierbei stützen?

Tatsächlich unternahmen verschiedene Physiker Versuche, die Gegensätze zwischen Teilchen- und Feldvorstellungen sowie Nah- und Fernwirkungen zu überwinden:

Der Engländer James Clerk Maxwell (1831–1879) hatte mit seinen Gleichungen zwar ein geschlossenes Feldtheoriegebäude geschaffen, doch blieb die Frage nach dem Träger der elektromagnetischen Felder – dem Äther – ungelöst.

Der holländische Physiker Hendrik Antoon Lorentz (1853–1928) versuchte daraufhin, Elektrodynamik und Mechanik in einem einheitlichen Rahmen zu verbinden. Nach seiner Auffassung war die Materie zwar von den elektromagnetischen Feldern unterschieden, diese waren jedoch in einem ruhenden oder stationären Äther verankert, der das Innere der Materie vollständig durchdringen sollte. Die Bestandteile dieses Äthers konnten sich nicht relativ zueinander bewegen. Unsichtbare Ladungen von atomarer Größe, die Lorentz zunächst als »Ionen«, später als »Elektronen« bezeichnete, dienten einerseits als Quellen für elektrische und magnetische Kräfte, die sich durch den Äther ausbreiten; zugleich sollten sie über ihre Verbindung mit der Materie auch auf materielle Körper einwirken.

Lorentz nahm außerdem an, dass sich ein starrer Körper aufgrund molekularer Kräfte entlang seiner Bewegungsrichtung durch den Äther verkürze. Damit konnte er zumindest näherungsweise berechnen, wie sich Messungen elektrodynamischer und optischer Größen in gegeneinander bewegten Bezugssystemen aufeinander beziehen lassen. Gleichwohl verstand Lorentz diese Größen nur als Hilfskonstruktionen.

Einstein hingegen übernahm die Lorentz-Transformationen in seiner speziellen Relativitätstheorie und deutete sie realistisch: Die erstaunlichen Effekte von Zeitdilatation und Längenkontraktion waren damit nicht bloß rechnerische Kunstgriffe, sondern physikalische Realität. In Bezug auf die Rolle des Äthers war Einstein skeptisch:

Da Experimente zu widersprüchlichen Ergebnissen geführt hatten, sah er keine klare physikalische Bedeutung des Äthers.[12] Während er also die Idee eines Äthers als überflüssig verwarf, hegte er an der Realität der atomaren Struktur der Materie keine Zweifel.

Doch wie ließ sich diese Annahme mit der elektrodynamischen Feldtheorie von Maxwell und Lorentz vereinbaren – einer Theorie, die das elektromagneti-

12 Die von dem englischen Astronomen James Bradley (1693–1762) entdeckte Aberration (also die scheinbare Richtungsverschiebung) des Sternenlichts (1728), die durch die Erdbewegung entsteht, sprach für einen ruhenden Äther, während die Interferenz-Experimente (1851) des französischen Physikers Hippolyte Fizeau (1819–1896) auf eine teilweise Mitführung des Äthers durch bewegte Materie hindeuteten. Die Interferometer-Experimente (1881/1887) der amerikanischen Physiker Albert A. Michelson (1852–1931) und Edward W. Morley (1838–1923) lieferten schließlich ein Nullresultat: Sie ließen keinen Nachweis eines Ätherwinds erkennen und stellten damit sowohl die Vorstellung eines ruhenden Äthers als auch die einer vollständig mitgeführten Äthertheorie infrage.

sche Feld als kontinuierliches Medium beschrieb und zunächst keinen direkten Bezug zu einer diskreten atomaren Materiestruktur hatte?

Um diesen Zusammenhang herzustellen, griff Einstein auf Ideen des österreichischen Physikers Ludwig Boltzmann (1844–1906) zurück, dessen kinetische Gastheorie die Thermodynamik auf die statistische Mechanik zurückführte.[13] Dieser Ansatz war zwar umstritten, da er unsichtbare Atome und Wahrscheinlichkeitsüberlegungen voraussetzte, bot Einstein jedoch eine wesentliche Grundlage für seine Arbeiten im Wunderjahr 1905.

Im Mittelpunkt stand dabei zunächst die Frage nach der Natur des Lichts, die Einstein dadurch beantwortete, dass er annahm, dass sich das Licht unter bestimmten Voraussetzungen so verhält, als würde es »aus einer endlichen Zahl von in Raumpunkten lokalisierten Energiequanten« bestehen, »welche sich bewegen, ohne sich zu teilen, und nur als Ganze absorbiert und erzeugt werden können«.[14]

Dafür zog Einstein das sogenannte Boltzmann'sche Prinzip heran:

Er verstand darunter eine Auffassung des Zweiten Hauptsatzes der Thermodynamik, die von Boltzmann

13 Siehe dazu Renn 2007.
14 Einstein 1905a, S. 133.

1877 postuliert und von dem deutschen Physiker Max Planck (1858–1947) als logarithmischer Zusammenhang von Entropie und Wahrscheinlichkeit formuliert wurde (grob gefasst bedeutete sie, dass der Zweite Hauptsatz eine Wahrscheinlichkeitsaussage ist: Wärme bzw. Strahlungsenergie verteilt sich im Mittel gleichmäßig, doch können in einem Teilvolumen durch Zufall kurzfristige Abweichungen vom Mittelwert auftreten; je größer das betrachtete Volumen bzw. je größer die Abweichung, desto unwahrscheinlicher sind sie). Unter diesem Prinzip konnte Einstein angeben, mit welcher Wahrscheinlichkeit sich die Strahlungsenergie eines schwarzen Körpers, der jede Strahlung, die auf ihn trifft, vollständig absorbiert und gleichzeitig die maximal mögliche Wärmestrahlung für eine gegebene Temperatur abgibt, in einem vorgegebenen Volumen zufällig verteilt.

Während Boltzmann von mikroskopischen Wahrscheinlichkeiten ausging, um makroskopische Größen zu bestimmen, wählte Einstein den umgekehrten Ansatz: Bei einer Volumenänderung unter konstanter Temperatur verhielt sich die Strahlungsenergie wie die Entropie eines idealen Gases, dessen punktförmige Teilchen ohne gegenseitige Wechselwirkungen lediglich durch elastische Stöße bewegt werden. Aus dieser Analogie folgerte Einstein, dass die Strahlungsenergie nicht kontinuierlich verteilt ist, sondern in diskreten Energieportionen vorliegt.

Seine atomistische Deutung physikalischer Prozesse konnte er durch die Annahme untermauern, dass die unregelmäßige Zitterbewegung von Schwebeteilchen in einer Flüssigkeit durch die Wechselwirkung mit der Wärmebewegung der Moleküle der Flüssigkeit verursacht wird. Mit dieser Erklärung der Brown'schen Bewegung, benannt nach ihrem Entdecker, dem schottischen Botaniker Robert Brown (1773–1858), gelang ihm ein weiterer überzeugender Nachweis für die Realität des Atomismus.[15]

Gleichzeitig galt es jedoch, den feldtheoretischen Ansatz nicht aufzugeben. Dieser war entscheidend für die Formulierung der speziellen Relativitätstheorie:

Dabei hielt Einstein an der Feldtheorie von Maxwell und Lorentz fest, verzichtete aber auf die Annahme eines Äthers. Für ihn besaß allein das elektromagnetische Feld als Ganzes physikalische Realität. Auf der Grundlage des Relativitätsprinzips, das für beliebige Inertialsysteme (also Trägheitssysteme) gilt, und des Postulats der Konstanz der Lichtgeschwindigkeit, gelang es ihm, eine neue Kinematik bzw. eine neue Bewegungslehre aufzustellen, die elektrodynamische und

15 Einstein 1905b.

optische Erscheinungen eindeutig erklärte und unser Verständnis von Raum, Zeit und Materie grundlegend veränderte:[16]

Während die klassische Physik noch von der Absolutheit von Raum und Zeit ausging, zeigte die spezielle Relativitätstheorie, dass raum-zeitliche Messgrößen stets vom Bewegungszustand eines Bezugssystems bzw. Beobachters abhängen.

Zudem erwies sich die Äquivalenz von Masse und Energie als außerordentlich folgenreich, da sie nicht nur die enormen Energiequellen im Inneren der Sterne erklärte, sondern auch die Grundlage für die Entwicklung von Kernenergie und Atomwaffen bildete.

Mit der allgemeinen Relativitätstheorie konnte Einstein das Relativitätsprinzip auf beschleunigte Bezugssysteme und Gravitationsfelder erweitern. Dadurch gelang es ihm, die Gravitation nicht mehr als Kraft im Sinne Newtons, sondern als geometrische Eigenschaft der Raumzeit selbst zu verstehen. Masse und Energie krümmen die Raumzeit, und diese Krümmung bestimmt wiederum die Bewegung von Körpern. So brachte Einstein die Physik einen entscheidenden Schritt näher an eine Vereinheitlichung ihrer grundlegenden Prinzipien.[17]

16 Einstein 1905c/d.
17 Einstein 1916.

Dennoch blieb die Unterscheidung zwischen Teilchen- und Feldphysik bestehen. Weder konnte er die beiden Feldtheorien der Gravitation und der Elektrodynamik in einem konsistenten theoretischen Rahmen zusammenführen, noch gelang es ihm, die Quantenmechanik in seine feldtheoretischen Ansätze einzubeziehen. Und gerade die Quantentheorie erwies sich als dauerhaftes Hindernis: Ihr probabilistischer Charakter widersprach Einsteins Ideal einer universellen und deterministischen Weltbeschreibung.

Darüber hinaus bestimmte das Spannungsverhältnis zwischen Feldern und Teilchen auch Einsteins methodische Überlegungen, die sich vor allem in seiner Unterscheidung zwischen Prinzipien- und konstruktiven Theorien niederschlugen.

4. Prinzipien- und konstruktive Theorien

Am 28. November 1919 erläuterte Einstein diese methodische Unterscheidung in einem Artikel für die Londoner *Times*.[18] Bemerkenswert ist dabei zunächst, dass diese Unterscheidung seinen Forschungen offenbar von Beginn an zugrunde lag.

18 Einstein 1919/1934.

Über die schwierige Situation kurz nach 1900, ein zuverlässiges Fundament für die Physik zu finden, stellte Einstein rückblickend fest:

> Nach und nach verzweifelte ich an der Möglichkeit, die wahren Gesetze durch auf bekannte Tatsachen sich stützende konstruktive Bemühungen herauszufinden. Je länger und verzweifelter ich mich bemühte, desto mehr kam ich zu der Überzeugung, daß nur die Auffindung eines allgemeinen formalen Prinzips uns zu sicheren Ergebnissen führen könnte.[19]

So schien ihm der Weg Boltzmanns aus der kinetischen Gastheorie, der aufgrund elementarer atomistisch-mechanistischer Modellvorstellungen und vermittels der neueren Methoden der statistischen Physik zu den makroskopischen Größen von Druck, Temperatur und Entropie gelangte, letztlich versperrt. Über Boltzmanns Auffassung schrieb Einstein an seine Geliebte und spätere erste Frau Mileva Marić (1875–1948): »Alles ist sehr schön, aber [es wird] zu wenig Wert gelegt auf den Vergleich mit der Wirklichkeit.«[20] Und gegenüber dem deutschen Physiker Arnold Sommerfeld (1868–1951)

19 Einstein 1946/1979, S. 19 f.

20 Albert Einstein an Mileva Marić, 30. April 1901. In: CPAE 1, Doc. 102.

gab er an: »Ich glaube übrigens[,] dass wir noch weit davon entfernt sind, befriedigende elementare Grundlagen für die elek[t]rischen und mechanischen Vorgänge zu besitzen.«[21]

Während sich somit auf der Grundlage einiger relativ einfacher hypothetischer Größen, wie der Bewegung von Atomen oder bestimmter Molekularkräfte, kein befriedigendes, nämlich kein realistisches Modell zur Erklärung der Phänomene konstruieren ließ, stand ein anderer Weg offen, der auf der Grundlage allgemeiner Erfahrungen zu möglichst weitreichenden und sicheren Prinzipien führte. Diesen Weg schlug Einstein ein, ließ aber keinen Zweifel daran, dass das eigentliche Ziel der Physik langfristig betrachtet darin bestehe, konstruktive Theorien aufzustellen, die die Realität der Naturvorgänge umfassend nachbilden.

Nach der spektakulären Bestätigung seiner relativistischen Gravitationstheorie, einer Prinzipientheorie, durch zwei englische Forschergruppen im Jahr 1919, führte er in seinem *Times*-Artikel aus:

> Man kann in der Physik Theorien verschiedener Art unterscheiden. Die meisten sind konstruktive Theorien. Diese suchen aus einem relativ einfachen zu-

21 Albert Einstein an Arnold Sommerfeld, 14. Januar 1908. In: CPAE 5, Doc. 73.

grunde gelegten Formalismus ein Bild der komplexeren Erscheinungen zu konstruieren. [...] Wenn man sagt, es sei gelungen, eine Gruppe von Naturvorgängen zu begreifen, so meint man damit immer, daß eine konstruktive Theorie gefunden sei, die die betreffenden Vorgänge umfaßt.

Es gibt aber neben dieser wichtigsten Klasse von Theorien eine zweite, ich will sie Prinzip-Theorien nennen. Diese bedienen sich nicht der synthetischen, sondern der analytischen Methode. Ausgangspunkt und Basis bilden nicht hypothetische Konstruktionselemente, sondern empirisch gefundene, allgemeine Eigenschaften der Naturvorgänge, Prinzipien, aus denen dann mathematisch formulierte Kriterien folgen, denen die einzelnen Vorgänge bezw. deren theoretische Bilder zu genügen haben. So sucht die Thermodynamik aus dem allgemeinen Erfahrungs-Resultat, daß ein perpetuum mobile unmöglich sei, auf analytischem Weg Bindungen zu ermitteln, denen die einzelnen Vorgänge genügen müssen.

Vorzug der konstruktiven Theorien ist Vollständigkeit, Anpassungsfähigkeit und Anschaulichkeit, Vorzug der Prinzipientheorie ist logische Vollkommenheit und Sicherheit der Grundlage.[22]

22 Einstein 1919/1934, S. 221 f.

Einstein formulierte hiermit seine wohl wichtigste wissenschaftsphilosophische Einsicht zur Theorienbildung:

Im Unterschied zum späteren Popper war ihm der Weg, auf dem Theorien entstehen, von zentraler Bedeutung. Während Popper die strikte Unterscheidung zwischen dem »Context of Discovery« (»Entdeckungszusammenhang«) und dem »Context of Justification« (»Rechtfertigungszusammenhang«) – die Unterscheidung stammt von dem deutschen Physiker und Wissenschaftsphilosophen Hans Reichenbach (1891–1953)[23] – betonte und die erste Sphäre als psychologisch, kontingent und letztlich unwissenschaftlich beiseiteschob, stellte Einstein gerade die Art und Weise, wie eine Theorie gebildet wird, ins Zentrum seiner Reflexion.

Ihm ging es daher nicht nur um die Frage, ob eine Theorie falsifizierbar ist oder nicht (findet sich ein Gegenbeispiel, ist die Theorie widerlegt), sondern auch darum, ob sie synthetisch aus hypothetischen Bausteinen konstruiert oder analytisch aus allgemeinen Prinzipien entwickelt wird. Auf diese Weise machte er methodische Unterschiede in der Theorienbildung fruchtbar, die Popper weitgehend unbeachtet ließ.

Zugleich nahm Einstein mit seiner Unterscheidung

23 Vgl. Reichenbach 1938/1983, S. 3.

zwischen Prinzipien- und konstruktiven Theorien eine weitere Dimension in der Debatte um die Wissenschaften vorweg, die der amerikanische Wissenschaftsphilosoph Thomas S. Kuhn (1922–1996) später ausarbeiten sollte: Kuhn betonte die Rolle der Wissenschaftsgeschichte und zeigte, wie in bestimmten Epochen unterschiedliche Paradigmen die Entwicklung prägen. Auch Einstein ging von solchen historischen Phasen aus. Für ihn verlief die Geschichte der Physik nicht geradlinig, sondern als langfristiger Prozess, in dem unterschiedliche methodische Orientierungen einander abwechseln: Es gibt Zeiten, in denen Prinzipientheorien dominieren (wie die Relativitätstheorie), und Phasen, in denen konstruktive Theorien größere Fruchtbarkeit entfalten können (wie in der Atom- und Quantenphysik).

Somit entwarf Einstein in seinem kleinen Aufsatz *Physik und Realität* ein großes Panorama: Er zeichnete die Entstehung und Entwicklung der modernen Physik nach und verband sie zugleich mit einer Reflexion über ihre Grundlagen.

Der Aufsatz lässt sich daher als Gründungsdokument einer Denkrichtung verstehen, die Philosophie und Wissenschaftsgeschichte nicht auseinanderhält, sondern in ein produktives Wechselspiel bringt: um einerseits die Geschichte der Begriffe zu erhellen und andererseits die Philosophie durch konkrete Studien lebendig werden zu lassen.

Deutlich wird darin Einsteins Überzeugung, dass wissenschaftliche Theorien weit mehr sind als bloße Instrumente oder Konventionen: Sie legen – unabhängig davon, ob durch analytische Klärung oder durch synthetische Neuerfindung – reale Strukturen der Natur frei. Aus dieser Haltung erwächst schließlich auch die philosophische Synthese von Feld- und Teilchenphysik, die wie ein roter Faden Einsteins gesamtes Forschen durchzieht.

5. Einsteins realistische Synthese

Einstein suchte in der Physik nach einem möglichst einheitlichen und logisch konsistenten Fundament der Begriffe, um die Realität zu erfassen. Dabei beruhte sein methodischer Weg der Prinzipientheorien auf allgemeinen Erfahrungen, aus denen er intuitiv Grundsätze (wie das Relativitätsprinzip oder die Konstanz der Lichtgeschwindigkeit) als Ausgangspunkte gewann. Von diesen Prinzipien aus ließen sich physikalische Gesetzmäßigkeiten systematisch ableiten und empirisch überprüfbare Vorhersagen tätigen. Prinzipientheorien bildeten für ihn damit notwendige methodische Zwischenstufen, die strenge Rahmenbedingungen vorgaben, denen jede künftige physikalische Theorie genügen musste.

Feldtheoretische Ansätze verstand Einstein als streng durch Postulate bestimmte Prinzipientheorien. Innerhalb dieses begrifflichen Rahmens hielt er konstruktive Teilchentheorien für plausibel, sofern sie ein realistisches Bild der Natur entwarfen. Dabei ging es in der Teilchenphysik, wie Einstein sie verstand, nicht mehr um anschauliche Kugelmodelle wie in der klassischen Atomistik seit Newton, sondern um feldtheoretische Darstellungen von Teilchen, wie sie etwa in der gemeinsam mit dem amerikanisch-israelischen Physiker Nathan Rosen (1909–1995) entwickelten Brückentheorie formuliert wurden.[24] Die Teilchen erscheinen darin als »diskrete Inseln« – einzelne Brückenlösungen, nicht beliebig teilbar, nicht kontinuierlich verformbar.

Ein Widerspruch zur Feldtheorie war dies für Einstein nicht. Er wollte zeigen, dass man die diskrete Natur der Materie aus einer rein kontinuierlichen Theorie der Raumzeit ableiten kann, ohne die Raumzeit selbst diskret zu machen.

So schrieb Einstein schon 1917: »*Ich bin fest über-*

24 Siehe diese Ausgabe, S. 65 f..

zeugt, dass letzten Endes alle Feldgrössen sich als wesensgleich herausstellen werden. Aber leichter ist ahnen als finden.«[25] Damit brachte er seine Überzeugung zum Ausdruck, dass die Einheit der physikalischen Beschreibung nicht nur ein methodisches Ideal, sondern ein reales Merkmal der Natur sei.

Gerade in dieser Verbindung von Physik, Geschichte und Philosophie liegt die bleibende Bedeutung seiner realistischen Synthese von Feld- und Teilchenphysik. Sie macht deutlich, dass Einsteins Denken weit über einzelne Theorien hinausging. Es war getragen von der Überzeugung, dass die Natur eine innere Ordnung besitzt, die sich dem freien forschenden Geist erschließt.

In einer Zeit, in der die Wissenschaft immer wieder infrage gestellt wird, bleibt Einsteins Suche nach Einheit und Realität ein wichtiger Orientierungspunkt – nicht nur für die Physik, sondern für das Selbstverständnis der Wissenschaft insgesamt.

25 Albert Einstein an Rudolf Förster, 16. November 1917. In: CPAE 8/A, Doc. 400.